智·慧·商·业
创新型人才培养系列教材

AIGC
应用基础

尹湘萍 赵萍 / 主编

邵梅媛 贺茉莉 胡静 / 副主编

厦门网中网软件有限公司 / 组编

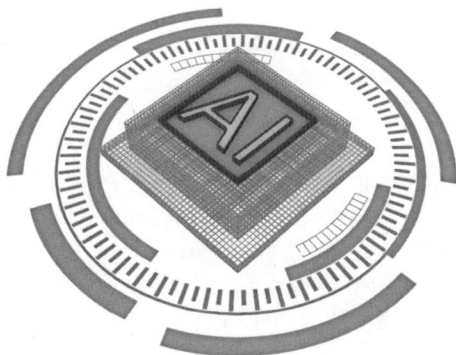

人民邮电出版社

北 京

图书在版编目（CIP）数据

AIGC 应用基础 / 尹湘萍，赵萍主编. -- 北京：人民邮电出版社，2025. -- (智慧商业创新型人才培养系列教材). -- ISBN 978-7-115-66144-9

Ⅰ. TP18

中国国家版本馆 CIP 数据核字第 2025L7V897 号

内 容 提 要

本书全面介绍了人工智能生成内容（AIGC）技术的基础理论与实践应用，旨在通过 45 个典型案例细化 AIGC 技术的应用过程、实战技巧、优化规则及生成结果，帮助读者全面理解和掌握大模型与 AIGC 的基本原理、核心技术、应用实践及伦理规范，激发读者的学习兴趣与创新思维，指导读者在学习、工作、研究中充分利用 AI 技术提高工作效率，增强信息技术应用能力，提升核心竞争力。

本书教学资源丰富，适合作为应用型本科院校和职业院校学生的通识课教材或专业实践课教材。对于有技能提升、职业晋升及工作进步需求的各行业从业者，以及对 AI 技术感兴趣的社会人士，本书也能帮助他们更好地理解和应用 AIGC 技术，把握数字经济时代的发展机遇。

- ◆ 主　　编　尹湘萍　赵　萍
  副 主 编　邵梅媛　贺茉莉　胡　静
  责任编辑　崔　伟
  责任印制　王　郁　彭志环
- ◆ 人民邮电出版社出版发行　　北京市丰台区成寿寺路 11 号
  邮编　100164　　电子邮件　315@ptpress.com.cn
  网址　https://www.ptpress.com.cn
  三河市兴达印务有限公司印刷
- ◆ 开本：787×1092　1/16
  印张：12.5　　　　　　　　2025 年 4 月第 1 版
  字数：306 千字　　　　　　2025 年 7 月河北第 2 次印刷

定价：49.80 元

读者服务热线：(010)81055256　印装质量热线：(010)81055316
反盗版热线：(010)81055315

在数字化浪潮席卷全球的今天，人工智能（Artificial Intelligence，AI）技术正以不可阻挡之势渗透到我们生活的方方面面，以前所未有的速度重塑着各行各业的发展格局。2025 年 1 月，由杭州深度求索人工智能基础研究有限公司推出的 DeepSeek-R1 大模型以其强大的语言处理能力和创新算法被称为"神秘的东方力量"，引爆了 AI 技术的普及和商业化应用。作为 AI 技术的重要应用，人工智能生成内容（Artificial Intelligence Generated Content，AIGC）更是以其独特的魅力和无限的潜力，引领着内容创作与知识生产的全新变革，成为推动商业创新与转型升级的关键力量。本书正是基于这一时代背景而生，旨在为读者揭开 AIGC 的神秘面纱，系统且全面地介绍其理论基础、技术原理、应用场景及未来趋势。本书不仅是一本关于 AIGC 的入门图书，还是一幅指引读者探索智能创作新世界的导航图。

通过本书的学习，读者可以掌握未来职场中不可或缺的技能，为在智慧商业、数字营销、客户服务、财务分析等多个领域的发展奠定坚实基础。本书融合了前沿理论与实际应用案例，可以拓宽读者的技术视野，强化其在数字经济时代的核心竞争力。

本书具有以下特色。

1. 立德树人，学思践悟

本书围绕立德树人根本任务，将价值引领融入每一个项目和案例之中，通过讲述 AIGC 的发展历程、技术原理及其对社会经济的深远影响，引导读者树立经世济民的家国情怀，培养社会责任感与使命感；通过 AIGC 伦理道德相关内容的阐述，强调诚信和严谨的重要性，引导读者树立正确的价值观和职业道德；通过丰富的应用场景和案例演示，激发读者的创新思维，鼓励其勇于探索未知领域，持续进步，学以致用。

2. 结构科学，便于阅读学习

本书分为基础篇和应用篇两部分，每篇都通过【开篇寄语】吸引读者兴趣，提供学习指引。全书共设计了 9 章，每章都规定了明确的知识目标、能力目标和素养目标，帮助读者明确学习方向；通过【内容框架】和【本章导读】提供项目概览，激发读者的阅读兴趣；正文概念讲解清晰，案例丰富，避免过多的专业术语和复杂表述，降低了读者的阅读难度；章末设有【训练提升】模块，方便读者对所学内容进行巩固和实践；同时，结合图表等视觉元素讲解知识点，增强了内容的可读性和可理解性。此外，应用篇中的每章还穿插【牛刀小试】模块，方便读者进行实践学习。

3. 突出"三基五性"，理实一体

本书着重突出教材的"三基五性"，即基本理论、基本知识、基本技能，思想性、科学性、先进性、启发性、适用性。本书紧跟 AI 技术发展前沿，介绍了大模型、AIGC 等最新技术概念及其应用场景；结合时代背景，探讨了 AI 技术对学习者与创造者角色的影响，具有鲜明的时代特征。应用篇共设定 33 个现实应用场景和 45 个实用案例，场景多样化，案例全面化，且提供【案例背景】【任务要求】【指令设计】及【参考指令与生成】等详细的操作指南，理实一体，系统全面，具有较强的实用性和可操作性。

4. 加强数字化建设，丰富拓展教材内容

在纸质教材基础上，本书依托北京正保科技公司开发的生成式 AI 教学平台，提供丰富的案例资料、视频资料、教学大纲、教案、课件等教学资源，并且支持分步骤实践训练和操作评分，可以更好地服务教师线上教学和学生线下自主学习，满足个性化教学与实践的需要。

本书由云南财经职业学院尹湘萍、辽宁金融职业学院赵萍担任主编，贵州财经职业学院邵梅媛、东莞职业技术学院贺茉莉、安徽工业经济职业技术学院胡静担任副主编。尽管编者竭尽心智，但随着 AI 技术的飞速进步，本书内容一定会滞后于技术发展，从而存在一定的改进空间，敬请广大师生提出宝贵意见和建议，以便不断修订完善。

编者

2025 年 1 月

目 录
CONTENTS

应用篇 >>> ▶▶▶▶▶ ▼

AIGC 实践探索

基础篇

AIGC 理论基石

人工智能时代的学习者与创造者

在人工智能（AI）蓬勃发展的今天，我们正步入一个前所未有的时代——一个由智能辅助学习与创造并举的新纪元。人工智能生成内容（AIGC）技术作为这一领域的先锋，不仅深刻改变了内容创作的面貌，更重新定义了我们对"学习者"与"创造者"的认知。

知识获取智能化转型。 传统学习模式往往依赖于书本和教师传授，而在人工智能时代，学习过程变得更加个性化与高效。AIGC 技术通过分析个体的学习习惯和能力，能定制化生成教学材料，从动态解题步骤到个性化课程推荐，让每个学习者都能以最适合自己的方式吸收新知识。

创意产业革新。 创意不再是人类独有的领地，AIGC 正逐步展现其在艺术、文学、音乐等领域惊人的创作潜能。通过深度学习模型，人工智能可以模拟大师的画风，创作出新颖的绘画作品，甚至生成令人赞叹的动漫视频。这种技术不仅扩展了创意的边界，也促使艺术家和创作者思考如何与人工智能协作，探索未曾触及的艺术形式。同时，AIGC 降低了创意表达的门槛，让更多非专业人士也能通过人工智能辅助，实现自己的创意愿景。

人工智能时代的学习者与创造者，正站在历史的转折点上，他们既是技术的受益者，也是塑造未来的关键力量。每个人都可以成为自己领域内的专家，同时也是其他领域好奇而勇敢的探索者。

开篇寄语 ▼

如今是一个跨界融合、智慧共生的新时代。在这个时代里，知识与创意的疆界，在人工智能的辅助下变得模糊而又无限广阔。AIGC 不仅是一个技术名词，更是通往未知世界的桥梁，连接着知识的海洋与创意的天空。在这个旅程中，我们不仅要掌握技术工具，更要培养持续学习的能力和创新思维，携手人工智能，共同书写人类文明的新篇章。

第1章　智慧之源：人工智能

学习目标 ▼

【知识目标】

- 掌握人工智能的定义、特点、核心技术
- 了解其发展阶段、工作原理及工作流程
- 理解人工智能在不同产业链层（基础层、技术层、应用层）的作用

【能力目标】

- 能够深刻理解人工智能技术在特定行业领域的应用过程
- 能够运用 AI 大模型进行简单的数据分析、模式识别、图像生成、文案创作等

【素养目标】

- 牢固树立终身学习的理念，以适应人工智能技术的快速迭代
- 激发创新思维和创造力，不断探索新技术的应用潜能

内容框架 ▼

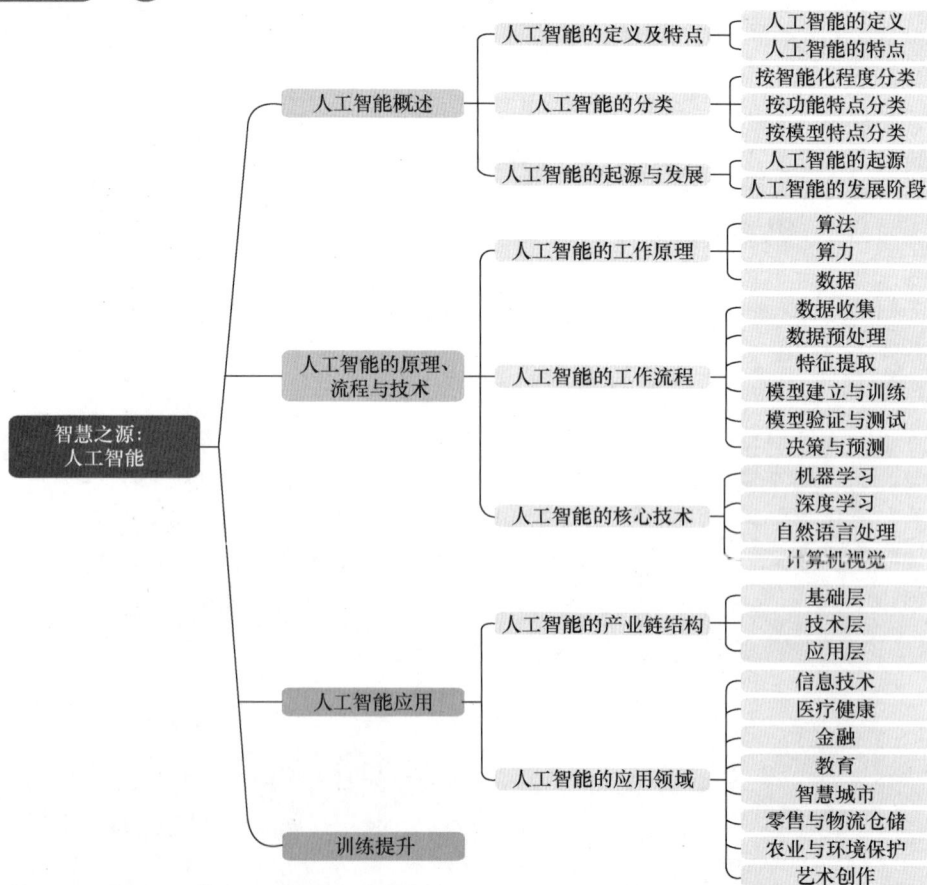

本章导读 ▼

2016 年，人工智能阿尔法狗（AlphaGo）首次挑战并击败了世界围棋冠军李世石，引发了全球震动。阿尔法狗凭借海量学习，展现了 AI 战略思维的飞跃。一年以后，阿尔法狗的进化版本——阿尔法元（AlphaZero）横空出世，它无须人类经验，仅仅通过游戏规则和自我对弈，不断试错与学习，实现了对阿尔法狗 100∶0 的超越，树立了人工智能自我学习与进化的里程碑。

从阿尔法狗到阿尔法元的跨越，是人工智能从模仿到自我创造的华丽转身，证明了深度学习、强化学习与算法优化的无限潜力，预示着一个由智能引领的未来已经到来。

2017 年 7 月，国务院印发《新一代人工智能发展规划》，将新一代人工智能产业放在国家战略层面进行部署。人工智能成为当今最热门的话题之一。那么，人工智能到底是什么，它是如何工作的，它对我们的未来又有着怎样的影响呢？

1.1 人工智能概述 ▼

在当今这个科技飞速发展的时代，人工智能无疑成为推动社会进步和创新的关键力量。作为世界三大尖端技术（空间技术、能源技术、人工智能）之一，以及 21 世纪三大尖端技术（基因工程、纳米科学、人工智能）之一，它不仅在科学研究、工业生产、医疗健康、教育文化等领域展现出巨大的应用潜力，更深刻地影响着人类的生活方式和思维方式。

视频资料

认识人工智能

1.1.1 人工智能的定义及特点

1. 人工智能的定义

人工智能是计算机科学领域的一个分支，是用于模拟、延伸和扩展人的智能的理论、方法、技术及应用系统的一门新科学。它通过学习、推理和自我修正来执行任务，能够感知环境、解决问题、识别模式、理解和生成自然语言，进行规划、决策、创造、适应等。其目标是开发出能够像人类一样思考和行动的智能机器或软件系统，实现一系列复杂任务的自动化处理。

现实中的人工智能不一定是电影里有着"人形"的机器人，只要是能模仿人类进行智能活动的机械、设备、软件、系统等，都可以归类为人工智能。

2. 人工智能的特点

作为一种前沿技术，人工智能具有以下几个显著特点。

（1）自主性与自适应性

人工智能系统能够在一定程度上自主地进行学习、推理和决策，而无须人类的干预和控制。而且，人工智能系统还善于从数据中学习并不断优化自身的性能，根据环境和数据的变化，调整和优化自身的模型和策略，以适应不同的任务与场景。这种自主性和自适应性使得人工智能系统能够通过数据自我优化，在复杂多变的环境下自主、顺畅、高效地完成任务。

（2）自然交互，人机协同

通过计算机视觉、语音识别等技术，人工智能系统能够感知外界信息，理解情境，并做出相应反应。人工智能技术支持自然语言处理，强调高水平的人机、脑机相互协同和融合，使得人机交互如同人际交流般自然流畅。这种协同使得人工智能系统能够更好地理解和满足人类的需求。

（3）知识表达与持续学习创造

人工智能涵盖了从人工知识表达到大数据驱动的知识学习技术。它不仅能够处理和表达人类已有的知识，还具有持续学习的能力，能够通过机器学习算法从大量数据中自动提取信息和生成新的知识。人工智能系统善于创造，能够生成逼真的图像和极具特色的视频、音乐等。

（4）跨媒体认知及群体智能

人工智能技术能够处理不同类型的多媒体数据，如文本、图像、音频和视频等，并实现跨媒体的认知、学习与推理。此外，人工智能技术能将许多个体的智能整合到群体智能中，通过互联网和大数据分析，实现更高效的信息处理与决策，完成复杂任务。

这些特点使得人工智能在各个领域都展现出巨大的潜力和应用价值。

1.1.2　人工智能的分类

根据不同的标准和应用场景可以将人工智能划分为多种类别，一些常见的分类方式如下。

1. 按智能化程度分类

按智能化程度分类，可以将人工智能分为弱人工智能、强人工智能与超强人工智能。弱人工智能也称为窄人工智能，指针对特定任务或领域的人工智能，如语音识别、图像识别等。强人工智能指具有广泛认知能力、能够进行自主学习和推理的人工智能，其智能水平与人接近，能够像人类一样思考和感受。超强人工智能则指远远超过最聪明的人类大脑的人工智能，能够自我改进，具有解决复杂问题的能力。

2. 按功能特点分类

按功能特点分类，可将人工智能分为感知智能、认知智能、决策智能。

感知智能模拟人的感官功能，如语音识别、图像识别等。认知智能模拟人的思维过程，如自然语言处理、机器学习等。决策智能模拟人的决策能力，如自动驾驶、智能调度等。

3. 按模型特点分类

人工智能按其模型特点来划分（人工智能是由模型支撑的），可以分为决策式人工智能和生成式人工智能。

决策式人工智能（也称判别式人工智能），通过学习数据中的条件概率分布，对新的场景进行判断、分析和预测。决策式人工智能一般用于人脸识别、推荐系统、风控系统、其他智能决策系统、机器人、自动驾驶等领域。决策式人工智能可以通过学习电商平台上海量用户的消费行为数据，制定最合适的推荐方案，尽可能提升平台交易量。

生成式人工智能则学习数据中的联合概率分布，对已有的数据进行总结归纳，并在此基础上使用深度学习技术等，创作模仿式、缝合式的内容，相当于自动生成全新的内容。生成式人工智能可生成的内容形式十分多样，包括文本、图片、音频和视频等。

此外，人工智能还可以按应用领域、技术实现方式、解决问题类型进行分类。虽然有多种分类方式，但这些分类方式并不是相互独立的，而是相互交叉和融合的。在实际应用中，应根据具体需求和场景选择合适的人工智能技术和模型。

1.1.3 人工智能的起源与发展

1. 人工智能的起源

早在 20 世纪之前，科幻小说中就已经出现了对人工智能的想象。1950 年，英国数学家和逻辑学家艾伦·图灵在其论文《计算机器与智能》中提出了著名的"图灵测试"，指出如果一台机器能够在对话中让人类评判者无法确定其是否为机器，则可以认为这台机器具备智能。这一思想为人工智能的研究奠定了哲学基础。

1956 年，在美国新罕布什尔州的达特茅斯会议上，一群计算机科学家和数学家首次提出了"人工智能"这一术语，并讨论了如何使机器能够模拟人类智能。这次会议被认为是人工智能学科正式诞生的标志。

2. 人工智能的发展阶段

人工智能经历了数个发展阶段，经历过"寒冬"，也迎来了复苏与爆发。其发展可以概括为以下几个阶段，示意图如图 1-1 所示。

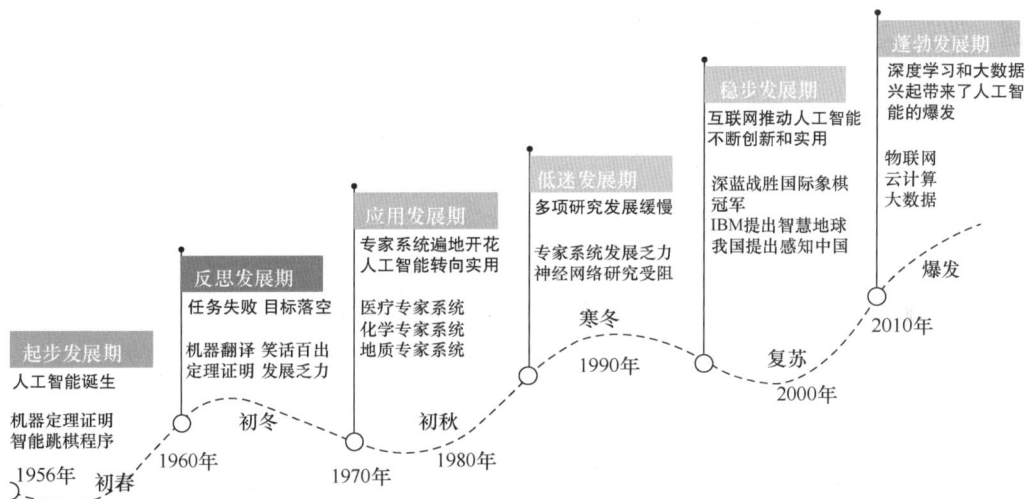

图 1-1　人工智能的发展阶段

（1）起步发展期（1956 年至 20 世纪 60 年代初）

这个时期的研究主要集中在符号逻辑、问题求解和早期的编程语言上，出现了如机器定理证明、智能跳棋程序等标志性成果，以及 LISP 这种专为人工智能研发的编程语言。在这一阶段，人们对人工智能充满乐观，认为复杂的智能行为可以通过编程实现。

（2）反思发展期（20 世纪 60 年代至 70 年代初）

随着研究的深入，人们开始意识到人工智能的复杂性和挑战性，尤其是在处理模糊信息和常识推理方面。专家系统的兴起标志着一种更加实用化的研究方向，但仍面临知识表示和推理效率的瓶颈。此阶段也因期望与现实之间的落差导致了所谓的"AI 冬天"。

（3）应用发展期（20 世纪 70 年代至 80 年代中期）

尽管遭遇挫折，但人工智能在特定领域的应用开始显现成效，如 DENDRAL、MYCIN 等专家系统在化学和医学上的应用。这一时期，人工智能技术开始商业化，更多关注如何将现有技术应用于实际问题解决，推动了人工智能在工业和商业中的初步应用。

（4）低迷发展期（20 世纪 80 年代中期至 90 年代中期）

由于技术限制、资金减少以及一些项目未能达到预期效果，人工智能研究再次进入低潮，被称为第二次"AI 冬天"。这段时间，许多政府和私人投资者减少了对人工智能项目的资助，研究进展缓慢。

（5）稳步发展期（20 世纪 90 年代中期至 2010 年）

这一时期，随着计算能力的提升、互联网的普及以及数据量的爆炸性增长，人工智能开始复苏。机器学习尤其是统计学习方法开始崭露头角，人工智能技术在搜索引擎、推荐系统等方面展现出巨大潜力。此阶段，人工智能逐渐融入人们的日常生活。

（6）蓬勃发展期（2011 年至今）

得益于深度学习技术的突破、大数据的可用性以及计算资源的大幅增强，人工智能迎来了前所未有的繁荣。深度神经网络在图像识别、语音识别、自然语言处理等领域取得了显著成就，推动了自动驾驶、智能家居、智能医疗等新兴行业的快速发展。人工智能成为全球经济的关键驱动力，同时也引发了关于伦理、隐私和社会影响的广泛讨论。

1.2 人工智能的原理、流程与技术

1.2.1 人工智能的工作原理

算法、算力和数据是人工智能的三大核心要素，被誉为人工智能发展的"三驾马车"，它们之间存在着密切而复杂的相互关系，共同构成了人工智能技术进步的基础框架。

1. 算法

算法是指导人工智能系统执行特定任务的一系列指令的集合，用于处理和分析数据，进行学习与预测。算法是人工智能的智力核心，决定了机器如何处理和解析数据。

2. 算力

算力则是指用于支持人工智能系统运行和训练的计算资源，包括 CPU（Central Processing Unit，中央处理器）、GPU（Graphics Processing Unit，图形处理单元）、TPU（Tensor Processing Unit，张量处理单元）等。随着专用硬件的发展以及云计算的普及，人工智能系统的训练速度和推理效率得到了极大提升。算力是执行算法的物理基础，没有强大的计算能力，再好的算法也难以发挥效用。

3. 数据

数据是指人工智能系统所依赖的各种数据源，包括结构化数据、非结构化数据、图像、文本等，用于训练和优化模型。数据是人工智能系统的"燃料"，高质量、大规模且标注良好的数据，对于训练出准确、泛化能力强的模型至关重要。在互联网、物联网等技术的加持下，当前数据的获取渠道更加丰富，类型更加多样，这为人工智能算法提供了丰富的学习材料。

数据是人工智能技术的基础与依托，先进的算法需要大量数据来训练以达到最佳性能，同时，丰富的数据也驱动着算法的创新和发展；强大的算力支持更复杂、更大规模的算法运行，也使得处理和分析海量数据成为可能。数据、算法、算力三大要素相互作用，协同发展，推动了人工智能技术不断突破和广泛应用。

扩展阅读

DeepSeek 是什么

近年来，人工智能（AI）领域的发展日新月异，全球科技巨头纷纷投入巨资研发先进的 AI 模型，试图在这一领域占据主导地位。然而，就在 2023 年，一匹来自中国的黑马——DeepSeek（深度求索）横空出世，并在 2025 年初迅速在全球范围内引发了巨大关注。它不仅以低成本、高效率的研发模式挑战了美国科技巨头的垄断地位，还在应用层面取得了显著的成绩，甚至让 ChatGPT 这样的明星产品黯然失色。

DeepSeek，中文名为"深度求索"，是由杭州深度求索人工智能基础技术研究有限公司开发的一款人工智能模型。其英文名"DeepSeek"由"Deep"（深思）和"Seek"（探索）组成，寓意通过深度学习技术探索未知领域。DeepSeek 的核心目标是通过模仿人类的思考和学习方式，让机器不仅能够执行简单的指令，还能进行复杂的推理和创造性工作。

DeepSeek 的核心是一个强大的语言模型，它能够理解自然语言并生成高质量的文本内容。无论是回答问题、撰写文章，还是进行复杂的逻辑推理，DeepSeek 都能轻松应对。与传统的 AI 模型相比，DeepSeek 在性能上接近美国顶尖 AI 模型，但其研发成本却极低，这使得它在全球 AI 领域迅速崭露头角。

1. 强大的语言处理能力

DeepSeek 的核心技术在于其语言模型。它能够理解自然语言的复杂性，并根据上下文生成连贯、准确的文本。无论是日常对话、学术写作，还是商业报告，DeepSeek 都能提供高质量的输出。此外，它还支持多语言处理，能够满足全球用户的需求。

2. 低成本、高效率的研发模式

DeepSeek 的研发成本仅为 560 万美元，远低于美国科技巨头数亿美元乃至数十亿美元的投入。这种低成本、高效率的模式不仅降低了 AI 技术的门槛，还为全球开发者提供了更多的可能性。通过开源和免费下载，DeepSeek 加速了 AI 技术的普及，削弱了美国在 AI 技术上的垄断地位。

3. 开源与开放生态

DeepSeek 的另一个显著特点是其开源策略。它允许全球开发者自由下载和使用其模型，这不仅促进了技术的快速迭代，还为 AI 应用的多样化提供了可能。通过开放生态，DeepSeek 吸引了大量开发者和企业加入其生态系统，进一步扩大了其影响力。

4. 高性能与低能耗

DeepSeek 的模型在性能上接近美国顶尖 AI 模型，但其能耗却远低于传统的高算力模型。这种高性能与低能耗的结合，使得 DeepSeek 在商业应用中具有显著的优势，尤其是在需要大规模部署的场景中。

DeepSeek 的崛起直接挑战了美国科技巨头在 AI 领域的垄断地位，引起了美国政府的关注。其应用程序在苹果应用商店的下载量迅速超越 ChatGPT，成为排名第一的免费应用程序。这一成就不仅证明了 DeepSeek 在用户体验和技术性能上的优势，也标志着其在全球 AI 应用市场中的领先地位。

1.2.2　人工智能的工作流程

人工智能模仿人类智能方式进行工作。计算机通过传感器（或人工输入的方式）获取信息，再与已存储的数据进行比较，以识别其含义并计算各种可能的动作，预测哪种动作的效果最佳。人工智能的工作流程如图 1-2 所示。

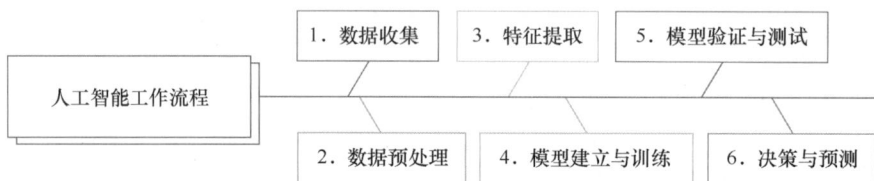

图 1-2　人工智能的工作流程

1．数据收集

人工智能系统首先需要大量数据作为学习的基础。这些数据可以是结构化的（如数据库中的表格数据），也可以是非结构化的（如图像、音频、文本）。例如，为了训练一个面部识别系统，需要收集大量的面部图像数据。

2．数据预处理

收集的数据需要经过清洗、标准化和格式化，以便算法能有效地处理。比如，图像数据可能会被调整大小、增强亮度或对比度，以去除噪声数据。

3．特征提取

人工智能算法会从数据中提取有意义的特征。在图像识别中，这可能涉及检测边缘、颜色分布或特定形状；在文本分析中，则可能是提取关键词、句法结构或情感倾向。

4．模型建立与训练

使用机器学习或深度学习算法，人工智能系统会建立一个模型来学习数据中的模式。模型通过调整内部参数来最小化预测误差。例如，在训练自动驾驶模型时，算法会尝试学习不同情况下安全驾驶的规则。

5．模型验证与测试

使用未见过的数据集测试模型，确保模型不仅能在训练数据上表现良好，还能泛化到新情况中。

6．决策与预测

训练好的模型基于学到的模式对新输入的数据进行分析和输出，从而实现自动化决策和预测。

扩展阅读

人脸识别门禁系统生成

人脸识别门禁系统的运行全面体现了人工智能的工作原理。

（1）系统需要收集人脸图像，包括正面、侧面等不同角度的照片。

（2）系统对这些图像进行标准化处理，如灰度化、尺寸统一等。

（3）系统使用深度学习模型，如卷积神经网络（Convolutional Neural Network，CNN）等，学习从图像中提取人脸特征，如眼睛、鼻子、嘴巴的位置和轮廓。模型通过多层神经元逐步抽象人脸特征，形成对个体独特性的理解。

（4）系统用已知身份的人脸图像对模型进行训练，让模型学会将特定的特征组合与员工的身份对应起来。

（5）通过未参与训练的员工图像测试模型，确保准确无误后部署到门禁系统中。

（6）当有人站在门禁前，摄像头捕捉到人脸图像，系统立即运用训练好的模型进行分析，比对数据库中的人脸特征，如果匹配成功，门禁自动开启，否则保持关闭。至此，实现了安全快捷的身份验证过程。

1.2.3 人工智能的核心技术

人工智能的运行涉及大量关键技术，主要包括以下方面。

1. 机器学习（Machine Learning，ML）

机器学习是人工智能的核心组成部分，涉及概率论知识、统计学知识、近似理论知识和复杂算法知识。它允许计算机从数据中自动学习并提升性能，而无须进行显式的编程。

机器学习的主要范畴包括监督学习、无监督学习和强化学习。监督学习通过使用标记的数据来训练模型，无监督学习则是从未标记的数据中学习特征和结构，而强化学习则是通过试错和调整行为来学习最优决策策略。

机器学习在语音识别、推荐系统、金融预测等领域有广泛应用。

2. 深度学习（Deep Learning，DL）

深度学习是机器学习的一个分支，通过模拟人脑神经网络的工作方式，实现对大规模数据的学习和分析。

深度学习的核心是人工神经网络，其中包括卷积神经网络（CNN）和循环神经网络（Recurrent Neural Network，RNN）等。这些网络结构使计算机能够更好地理解和处理图像、语音、文本等复杂信息。

深度学习在计算机视觉、自然语言处理、医疗诊断等领域取得了显著成就。

3. 自然语言处理（Natural Language Processing，NLP）

自然语言处理是人工智能领域涉及人类语言的重要方向，致力于让计算机能够理解、解释和生成人类语言。NLP 技术涵盖了文本分析、语音识别、语言生成、机器翻译等多个方面，被用于智能助手、智能客服、情感分析等多个领域。近年来，随着深度学习的发展，NLP 技术取得了显著进步，如 BERT 模型的出现使得计算机对语境的理解更加准确。

4. 计算机视觉（Computer Vision，CV）

计算机视觉技术旨在使计算机能够理解和解释图像或视频。它涉及图像识别、目标检测、图像生成等任务，通过使用各种算法和模型来实现对图像和视频的分析和理解。计算机视觉技术被广泛应用于人脸识别、智能监控、无人驾驶、医学影像分析等领域。

除了上述技术外，人工智能还包括一些其他重要的技术，如机器人技术、知识表示与推理、专家系统等。这些技术为人工智能的发展提供了更广阔的空间和更多的可能性。

1.3　人工智能应用

1.3.1　人工智能的产业链架构

新一代人工智能产业链可划分为基础层、技术层以及应用层。

1. 基础层

上游基础层是人工智能产业的基础，涉及数据收集与运算，包括智能芯片、智能传感器、大数据与云计算等。基础层为人工智能提供了必要的算力、算法运行环境和训练数据，是整个产业链的基石。

2. 技术层

中游技术层是人工智能产业的核心，集中了人工智能的核心算法和技术框架。技术层涉及数据的挖掘、学习与智能处理，是连接基础层与应用层的桥梁，包括机器学习、类脑智能计算、计算机视觉、自然语言处理、智能语音等。大模型通常位于此层，是技术层发展的重要成果和组成部分。

技术层具体又包括感知层、认知层和平台层。感知层以算法模拟人的感知来构建技术路径，包括计算机视觉、语音、触感和味觉等；认知层以算法模拟人的认知，使机器具备理解、学习、推理以及思考的能力；平台层主要为技术开放平台与基础开源框架，为人工智能技术提供平台支持。

3. 应用层

下游应用层是人工智能产业的延伸，是人工智能技术与具体行业和应用场景结合的部分，涵盖了多种产品和服务，如智能驾驶、智慧金融、智能家居、智能教育等。

AIGC 是应用层的一个实例。

1.3.2　人工智能的应用领域

人工智能作为一种革命性的技术力量，已深深植根于社会经济的各个领域，展现出无所不在的应用影响力。从尖端的科学研究到日常生活中的细枝末节，人工智能不仅在高科技产业如信息技术、智能制造中驱动创新，还在医疗健康领域通过精准诊疗、基因编辑开辟新的治疗可能，更在金融服务、零售与物流、智慧城市建设、环境保护等方面大显身手。

1. 信息技术

人工智能在信息技术领域的应用主要体现在数据分析、模式识别及自动化流程上。例如，自然语言处理技术使得机器可以理解和生成人类语言，从而在客服机器人、翻译服务等方面提供巨大便利。而在智能制造方面，人工智能能够通过预测性维护减少设备停机时间，利用机器视觉进行质量控制，以及通过优化生产计划来提高效率。

2. 医疗健康

人工智能应用正逐渐改变着医疗服务的方式。例如，在疾病诊断方面，深度学习模型可以从大量的医学影像数据中检测出早期病症，辅助医生做出更准确的判断。此外，人工智能还被应用于药物发现过程，缩短新药的研发周期。同时，基因编辑技术结合人工智能算法，可以更好地理解基因变异对疾病的影响，并开发针对性的治疗方法。

3. 金融

金融行业利用人工智能来加强风险管理，通过分析海量交易数据来检测潜在的欺诈行为。智能投顾平台也日益普及，它们可以根据用户的风险偏好和财务状况提供个性化的投资建议。此外，人工智能还可以帮助银行和其他金融机构进行信贷评估，提高贷款审批的速度和准确性。

4. 教育

人工智能技术正在重塑教育体系，推动个性化学习的发展。基于学生的学习习惯和能力，人工智能系统可以定制学习路径，推荐适合的学习材料，并根据学生的进步情况进行动态调整。这有助于提高学生的学习效率，同时也减轻了教师的工作负担。

5. 智慧城市

人工智能技术在构建智慧城市中发挥着重要作用。通过集成物联网（Internet of Things，IoT）设备收集的数据，人工智能可以帮助城市管理者优化交通流量，减少拥堵；提高能源使用效率，促进可持续发展；并增强公共安全系统的响应速度和有效性。

6. 零售与物流仓储

在零售业，人工智能通过对消费者行为的深入分析来优化库存管理和商品推荐，从而提升客户体验。在物流方面，人工智能技术用于路线规划、货物跟踪以及仓库管理，优化供应链，实现了更高的配送效率和更低的运营成本。无人机送货等新兴物流模式也得到了发展，进一步提升了物流行业的智能化水平。

7. 农业与环境保护

在农业领域，人工智能通过监测作物生长情况、土壤湿度、天气变化等因素来提高农作物产量。精准农业技术可以减少化肥和农药的使用，降低农业生产成本的同时也有利于环境保护。

同时，在环境保护方面，人工智能同样有着重要应用。它可以用于监测空气质量、水质污染情况，以及保护野生动物的栖息地。通过大数据分析，人工智能可以为环保政策制定者提供科学依据，帮助他们做出更加有效的决策。

8. 艺术创作

艺术创作上，艺术家们开始使用人工智能工具创造独特的艺术作品。无论是绘画、雕塑还是音乐创作，人工智能都能提供新颖的方法和技术，让创作者突破传统限制，探索新的表达形式。

此外，在交通管理、公共安全、媒体娱乐等领域也有人工智能的身影。人工智能以数据为燃料，算法为引擎，不断拓宽应用边界，深刻改变着人类的生活、工作方式，开启了一个智能融合、高效协同的新时代。

扩展阅读

人工智能赋能财务应用

在财务领域，人工智能是财务数字化转型的不竭动力，正在彻底重塑财务管理的面貌，将传统财务职能推向一个前所未有的智能化、自动化时代。

首先，人工智能通过自动化处理如账单审核、发票匹配、财务报表生成等常规任务，极大提升了财务部门的效率，把财会人员从繁重的手工劳动中释放出来，使他们能够专注于更具策略性和增值性的分析工作。

视频资料

人工智能在财务中的应用

其次，人工智能的深度学习和预测分析能力，为财务决策提供了强有力的数据支持。它能分析历史数据趋势，识别潜在风险，预测现金流、市场走势和业绩指标，帮助管理层做出更加精准的预算规划和资金配置决策。这种基于数据驱动的决策模式，增强了企业的财务灵活性和市场响应速度。

再次，人工智能在风险管理与合规监控中的应用也不容小觑。它能够实时监控交易活动，识别异常模式，有效预防欺诈和违规事件，确保企业财务安全。同时，通过智能化的税务筹划和法规遵从建议，人工智能能帮助企业在复杂的税务和监管环境中保持合规，降低运营风险。

最后，人工智能技术还促进了财务信息的透明化和可访问性。云端财务系统与人工智能的结合，使得数据可视化、即时报告成为可能，无论管理层还是普通员工，都能快速获取所需财务信息，促进跨部门协作，支撑企业战略决策。图 1-3 显示了人工智能技术推进财务转型过程中的变化，图 1-4 显示了人工智能赋能财务应用场景。

图 1-3　人工智能与财务数字化转型

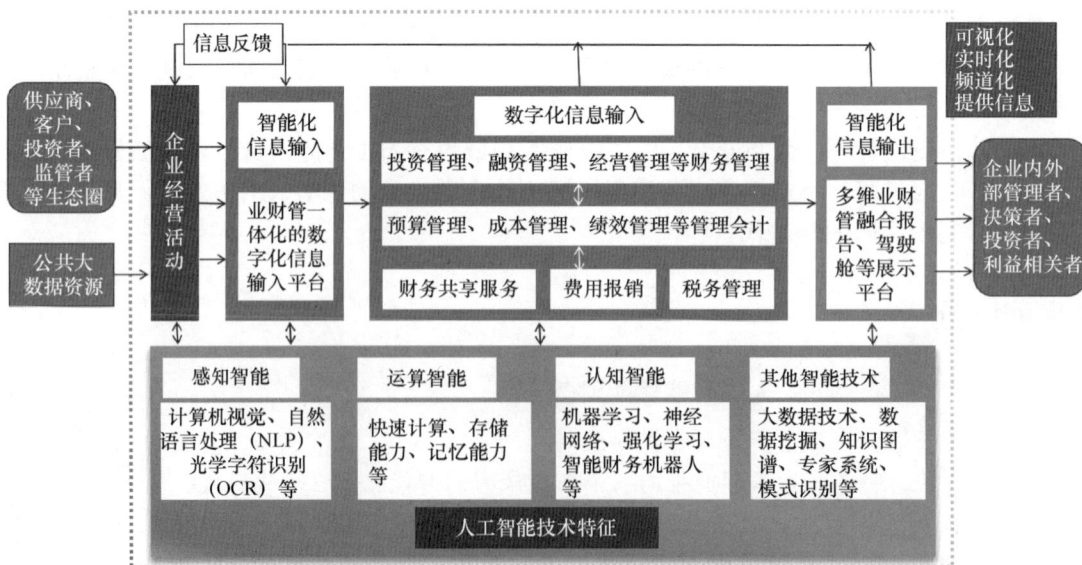

图 1-4　人工智能赋能财务应用场景

训练提升 ▶▶▶▶▶▶▶▶▶▶▶▶

一、单选题

1. 人工智能的定义是（　　　）。

　　A．一种新型的计算机硬件

　　B．使机器能够执行通常需要人类智能的任务的技术

　　C．仅限于图像识别的技术

　　D．用于控制机器人运动的软件

2. 以下哪个选项不是人工智能的特点？（　　　）

　　A．自主性与自适应性　　　　　　　B．自然交互，人机协同

　　C．知识表达与持续学习创造　　　　D．静态不变性

3. 人工智能按智能化程度分类，不包括以下哪一项？（　　　）

　　A．弱人工智能　　　　　　　　　　B．强人工智能

　　C．超强人工智能　　　　　　　　　D．通用人工智能

4. 以下哪一项不属于感知智能的范畴？（　　　）

　　A．语音识别　　　B．图像识别　　　C．自动驾驶　　　D．机器翻译

5. 以下哪种技术是人工智能技术中的核心技术之一？（　　　）

　　A．机械臂　　　B．云计算　　　C．深度学习　　　D．区块链

6. 人工智能的起源可以追溯到哪一年？（　　　）

　　A．1950 年　　　B．1956 年　　　C．1960 年　　　D．1970 年

7. 1956 年的达特茅斯会议被认为是（　　　）。

　　A．人工智能学科正式诞生的标志

　　B．第一次提出"人工智能"这一术语

　　C．人工智能技术的第一次大规模应用

　　D．人工智能技术的第一次商业成功

8. 以下哪一项不是人工智能在应用层的作用？（　　　）

　　A．提供智能决策支持　　　　　　　B．优化生产流程

　　C．提高用户体验　　　　　　　　　D．替代所有人类工作

二、判断题

1. 1950 年，艾伦·图灵提出了著名的"图灵测试"，为人工智能的研究奠定了哲学基础。　（　　　）

2. 弱人工智能是指能够处理多种任务的通用智能系统。　（　　　）

3. 人工智能的自主性和自适应性使得机器能够通过数据自我优化，在复杂多变的环境下自主、顺畅、高效地完成任务。　（　　　）

4. 人工智能按功能特点分类，可分为感知智能、认知智能和决策智能。　（　　　）

5. 人工智能技术的快速发展可能会引发一系列伦理和法律问题。　（　　　）

第2章　创想引擎：大模型与 AIGC

学习目标 ▼

【知识目标】
- 理解大模型的定义、特征，熟悉 AIGC 的定义和核心价值
- 了解大模型的分类、发展，掌握大模型的工作原理
- 理解预训练模型、上下文学习、模型微调和 RLHF 训练等概念
- 熟悉常用 AIGC 工具的类型和应用

【能力目标】
- 能够利用 AIGC 工具进行内容创作，生成文本、图像、视频等内容
- 能够评估 AIGC 生成内容的准确性、创造性和适用性

【素养目标】
- 培养创新思维，对新兴的人工智能技术和工具保持开放态度
- 养成持续学习的习惯，快速适应并掌握最新人工智能技术的应用

内容框架 ▼

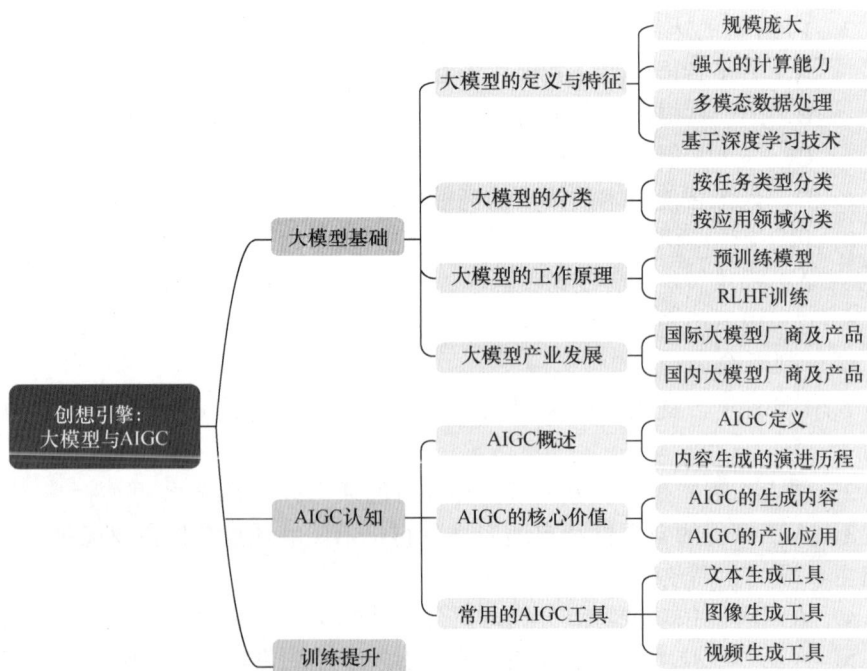

本章导读 ▼

中国古代水墨山水画的巅峰之笔《富春山居图》是元代画坛宗师、"元四家"之首黄公望晚年的杰作，这一传世名画于清代顺治年间遭火焚断为长短两卷，后来分别珍藏于浙江省博物馆和台北故宫博物院，焚毁部分原画内容无人知晓。

在 2022 百度世界大会上，百度首席技术官王海峰展示了文心大模型"补全"《富春山居图》的过程，全程只用不到 1 秒钟就使得历史珍品重现当代。其风格与现存真迹一致，令专家大为震撼。这背后的秘密便是人工智能大模型和 AIGC 技术。

AIGC 是人工智能生成技术的一个分支，专注于创造性内容的生成，如文字、图像、声音、视频等。残画修复正是运用 AIGC 图像生成技术而达成的。大模型是 AIGC 背后的技术支撑与核心驱动力。本章从大模型的特征与训练机制出发，引领大家走入 AIGC 的奥秘世界。

2.1 大模型基础 ▼

2.1.1 大模型的定义与特征

视频资料

认识 GPT

大模型，即大规模预训练模型，指具有大规模参数和强大计算能力的人工智能模型。它们通常基于深度神经网络架构，需要海量数据进行训练，具有强大的泛化能力，面对未见过的数据仍能做出准确的预测或反应。典型的大模型有 GPT 系列、BERT、ERNIE 等。

大模型以人工智能技术为基础，是其发展到一定阶段的产物，是近年来人工智能领域发展的重要突破。大模型通过深度学习等人工智能技术训练而成，具有以下几个鲜明特征。

1. 规模庞大

大模型通常拥有数十亿甚至数百亿个参数，这使得它们能够处理复杂的任务和问题，并提供非常准确的答案和建议，如 GPT-3 模型就有高达 1 750 亿个参数。

2. 强大的计算能力

为了训练和运行大模型，需要使用强大的计算资源，如超级计算机和云计算平台等。强大的算力可以加速模型的训练和推理过程，提高模型的性能和效率。

3. 多模态数据处理

大模型不仅可以处理文本数据，还可以处理图像、音频和视频等多种模态数据，实现跨模态的理解与生成。这一特征保证大模型能够更好地理解和处理现实世界中的信息，提供更加准确全面的服务与支持。

4. 基于深度学习技术

大模型通常基于深度学习技术，如卷积神经网络（CNN）、循环神经网络（RNN）和 Transformer 架构等。这些技术可以帮助模型学习到数据中的深层次模式和规律，并生成高质量的输出。

总之，大模型是人工智能技术的一种高级应用形式，其出现为人工智能的发展带来了新的机遇和挑战。

2.1.2　大模型的分类

根据不同的分类标准，大模型可以分为多种类型。

1. 按任务类型分类

按任务类型可以将大模型分为语言大模型、视觉大模型和跨模态大模型三种，其功能、应用场景和代表模型具体如下所述。

（1）语言大模型

语言大模型专注于处理文本数据，理解并生成自然语言。该模型多用于文本分类、问答系统、文本生成、机器翻译、情感分析等应用场景。其代表模型有 GPT 系列（OpenAI）、Gemini（谷歌）、文心一言（百度）等。

（2）视觉大模型

视觉大模型专为图像和视频数据处理设计，能执行图像分类、目标检测、图像生成、图像语义分割等任务。该模型广泛应用于安全监控、自动驾驶、医疗影像分析等领域。其代表模型有 Inception、ResNet、VGG 等。

（3）跨模态大模型

跨模态大模型能够处理和综合不同类型的数据（如文本、图像、声音），实现更复杂的理解和生成任务。该模型可以用于图文匹配、视频字幕生成、多模态对话系统等场景。其代表模型有 CLIP、DALL·E 等。

2. 按应用领域分类

大模型按照应用领域可以分为通用大模型和行业大模型两种。

（1）通用大模型

通用大模型是一种具有广泛适用性的大型生成式人工智能模型，能够处理多种类型的任务，并在不同的领域中应用。这类模型通过学习互联网上的海量数据，掌握了丰富的语言理解和生成能力，能够在没有特定领域知识的情况下完成文本生成、问答、翻译等多种任务。

（2）行业大模型

行业大模型是针对特定行业或领域定制优化的大模型。它们通常基于通用大模型进行深度定制，通过额外训练融入特定领域的知识、术语和数据模式，以更好地适应该行业的特定需求。

行业大模型提供更为专业和精确的解决方案，能够更好地理解行业特有的语言和解决领域内的特定问题，比如金融、医疗、法律等行业。其缺点是开发成本较高，需要行业特定的数据集来训练，且可能不便于跨行业应用。

2.1.3　大模型的工作原理

1. 预训练模型

预训练模型是基于未经标注的海量数据集，通过先进的架构如 Transformer 进行训练，旨在让模型捕获广泛的语言规律与模式，而非针对特定任务。

（1）训练机制

预训练过程通常涉及自注意力机制，它强化了模型对文本长期依赖性的理解，确保模型能准确把握上下文。预训练阶段完成后，模型会在特定任务的标记数据集上进行微调，以精确适配如问答和文本生成的任务需求。这期间，为了防止模型过拟合非普遍规律，会采用正则化技术和权重衰减策略，并借助分布式计算系统和优化算法，加速多 GPU 平台上的训练进程，确保高效迭代更新模型参数。持续的性能评估与根据反馈动态调整模型策略，比如融合人类反馈的强化学习，是提升模型实用性和泛化能力的关键步骤。

（2）上下文学习（In-Context Learning）

上下文学习能力使预训练模型能够依据输入的任务指导和少量实例，推断并解决新问题或生成相应内容。提示学习是通过精心设计的提示或模板来引导模型输出特定格式或风格的内容；指令学习强调模型直接响应明确指令，执行特定任务。两种方式均基于模型对上下文环境的高度理解，展示了模型在相关场景中灵活运用知识的能力。

（3）模型微调（Fine-Tuning）

微调是通过有限的标注数据调整预训练模型参数，使之适应特定应用场景的过程。其中，提示调优通过在输入中嵌入提示来引导输出；而指令调优则通过直接训练模型遵循指令执行任务。二者均致力于提升模型在特定任务上的表现，同时减少额外训练数据需求，强化模型的多模态理解和生成能力。

2. RLHF 训练

RLHF（Reinforcement Learning from Human Feedback，人类反馈强化学习）训练是一种将强化学习与人类评价相结合的方法，用于优化机器学习模型，尤其是大语言模型。其关键步骤如下。

（1）监督模型微调

监督模型微调是通过向预训练模型展示人工编写的高质量样本，来引导模型学习针对特定任务或查询的精确回应模式。这一步骤为模型提供了直接的、针对性的反馈，提升了输出的精确度和相关性。

（2）奖励模型微调

此阶段会构建一个奖励模型，它基于包含人类对不同答案质量评分的数据集进行训练。奖励模型学习如何评估模型输出的质量，为每个响应分配一个反映其优劣程度的分数。这要求收集包含同一查询多种答案及其对应人类评分的数据集，为奖励模型提供学习的基准。

（3）RLHF 训练

利用 PPO（Proximal Policy Optimization，近端策略优化）算法进行强化学习，模型根据奖励模型的反馈调整生成策略。PPO 通过平衡探索新策略与稳定性能之间的关系，确保模型逐渐优化其输出，以获得更高的奖励分数。这一过程融合了监督学习的精确性与强化学习的适应性，不断推动模型在多个维度上的进化，包括但不限于对话的自然流畅性、知识准确性、逻辑连贯性、人性化特质、事实相符度及整体可靠性，从而培养出更加接近人类交流习惯的高质量交互式语言模型。

RLHF 训练过程如图 2-1 所示。

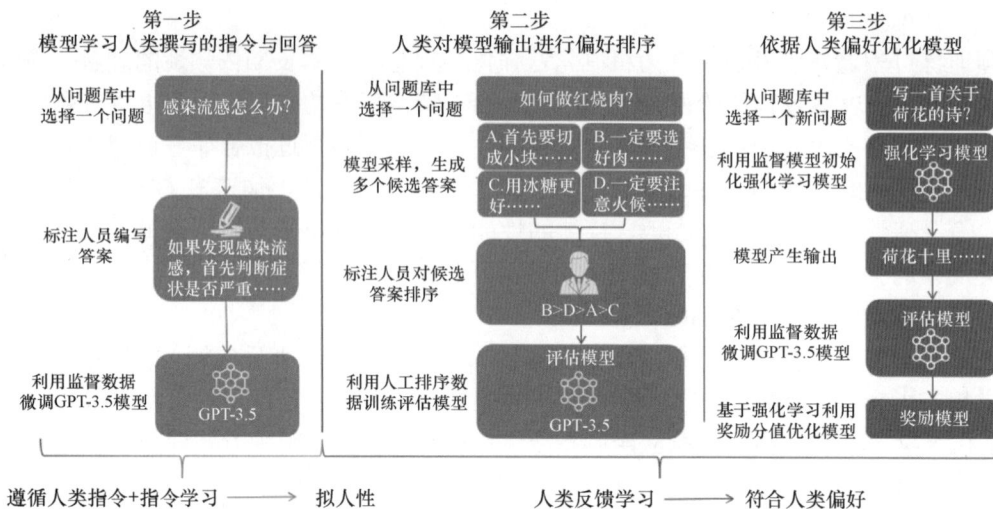

图 2-1　RLHF 训练过程

2.1.4　大模型产业发展

国内外大模型厂商近年来在人工智能领域展开了激烈的竞争与合作，推动了大模型技术的快速发展与广泛应用。

1. 国际大模型厂商及产品

（1）OpenAI（GPT 系列）

OpenAI 在大模型领域取得了全球瞩目的成就，其以 ChatGPT 为代表的 GPT 系列模型引领了文本生成和对话系统的潮流。

（2）谷歌（BERT、LaMDA、VLM）

谷歌凭借其 TensorFlow 框架和 BERT、LaMDA、VLM 等大模型，在自然语言理解和生成、机器翻译等领域保持领先地位。

（3）Anthropic（Claude）

Anthropic 是一家位于美国旧金山的人工智能研究公司。该公司的大模型 Claude 以高质量的对话和丰富的细节著称，在对话理解、逻辑推理和创造性写作方面具有强大的能力。

（4）Meta（LLaMA）

Meta（前身为 Facebook）开发的 LLaMA 大模型家族包括不同规模的版本，在生成文本内容，对话理解及高效处理多任务方面表现出众。

（5）英伟达（Megatron-Turing NLG）

Megatron-Turing NLG 是由英伟达公司和微软公司合作开发的自然语言生成模型。该模型在 2021 年发布，是当时训练规模最大和最强的自然语言处理（NLP）模型之一，展示了技术创新和强大计算力相结合的新高度。

2. 国内大模型厂商及产品

国内各大互联网公司、学术研究机构及一些行业公司也纷纷开启了大模型研发的征程。大模型发展的主要模式有"龙头大模型+原有业务""龙头大模型+外部行业数据"及"开源大模型+自有行业数据搭建行业大模型"。比较有代表性的大模型厂商及产品如下。

（1）深度求索（DeepSeek）

DeepSeek 大模型是由深度求索公司研发的高性能人工智能模型，专注于数学推理、代码生成和自然语言处理等领域。通过强化学习技术，DeepSeek 在低资源场景下展现了卓越的推理能力和泛化性能，支持多模态任务处理。其"开源大模型+自有行业数据"模式，结合垂直领域数据，为教育、医疗、金融等行业提供精准解决方案，推动了 AI 技术在实际场景中的广泛应用与落地。

（2）百度（文心）

文心系列大模型（如文心一言）依托百度的飞桨平台，融合了搜索、图片、语音、自然语言处理等多领域知识，可为用户提供全面的基础模型服务和能力支持。文心系列大模型采用"龙头大模型+外部行业数据"的模式，在教育、医疗等行业中通过与行业数据结合，能够提供精准的专业服务。

（3）华为（盘古）

华为推出的盘古大模型，在人工智能综合性能和服务质量上不断提升，展示了其在人工智能领域的深厚技术积累。

（4）阿里云（通义）

阿里云的通义大模型（如通义千问）在多个维度表现优异，特别是在服务能力、创新能力、平台能力及电商行业应用中获得了高度评价。虽然通义系列大模型本身不是开源的，但它展示了将大模型技术与企业自有行业数据结合的应用模式。

（5）腾讯（混元）

腾讯的混元大模型（如腾讯元宝）针对特定领域提供了高性能和高准确度的服务，体现了腾讯在人工智能技术研发上的实力。腾讯大模型通过"龙头大模型+原有业务"模式，加强了社交平台、内容创作等方面的体验。

（6）京东（言犀）

言犀大模型是京东推出的一个大规模预训练语言模型，参数规模达到千亿级别，具备支持文字、语音、视觉多模态处理的能力，主要面向零售、物流、金融、医疗健康等产业领域应用。

此外，字节跳动的豆包、智谱 AI 的智谱清言、科大讯飞的讯飞星火、中国科学院的紫东太初、月之暗面的 Kimi、商汤科技的商量语言大模型等，都在各自领域展现了强大的技术和应用潜力。

扩展阅读

《2024 年人工智能指数报告》：10 大趋势，揭示 AI 大模型喜与忧（节选）

2024 年 4 月 15 日，李飞飞联合领导的斯坦福大学以人为本人工智能研究院（Stanford HAI）发布《2024 年人工智能指数报告》。

2023 年，以 ChatGPT 为代表的人工智能模型席卷世界，许多人预测人工智能的"奇点时刻"正在临近，机器超越人类的时代已经来临。

这份报告涵盖了 2023 年人工智能的技术进步、公众对该技术的看法以及其未来的发展趋势。它是技术飞速发展下的一个注脚，帮助我们理解当下正在发生的变化，以更好地理解我们所处的环境。

1. 人工智能在某些任务上超越了人类，但它需要追赶的地方还有很多

在图像分类、视觉识别和语言理解等领域，人工智能已经超越了人类的能力。然而，在竞赛数学、视觉理解和规划等更复杂的任务上，人工智能仍在追赶人类。

2. 美国仍处于领先地位，但中国已经成为最大的人工智能专利来源国

2023 年，美国发布了 61 个值得关注的机器学习模型，欧盟和中国分别是 21 个和 15 个。但值得关注的是，中国已经在 2022 年以 61.1% 的份额成为全球人工智能专利最大来源国，美国人工智能专利份额则从 2010 年的 54.1% 下降至 2022 年的 20.9%。

3. 产业界仍在主导人工智能的前沿研究，进一步推动了相关人才从学术界转移

2023 年，产业界发布了 51 个值得关注的机器学习模型，而学术界仅贡献了 15 个。缺乏算力的学术界在当下人工智能的发展上仍然处于劣势，推动了相关人才从学术界向产业界转移。2019 年，美国和加拿大新增加的人工智能领域教师有 13% 来自产业界。到 2021 年，这一数字已下降至 11%，2022 年进一步下降至 7%。

4. 人工智能模型研究变得更加昂贵

人工智能模型的训练成本达到了前所未有的水平。例如，OpenAI 的 GPT-4 训练成本高达 7 800 万美元，而谷歌的 Gemini Ultra 更是达到了惊人的 1.91 亿美元。

5. 类似于 ChatGPT 的大语言生成模型仍然缺乏完善的伦理及风险评估

由于不同模型的测试基准并不相同，使得评估人工智能模型的偏见和伦理问题变得更加复杂。

随着生成模型开始可以生成高质量的文本、图像等，人工智能的基准测试已慢慢开始纳入人工评估（如 Chatbot Arena 排行榜），而不是单纯的计算机化排名（如 ImageNet）。公众对人工智能的感受正在成为追踪人工智能进展的一个越来越重要的考虑因素。

6. 生成式人工智能的投资激增

生成式人工智能的领域资金比 2022 年增长了近 8 倍，达到 252 亿美元。

7. 人工智能提高了劳动者的工作效率，产出的质量也变得更高

多项研究表明，人工智能使劳动者能够以更快的速度完成任务并提高产出质量，还可以帮助弥合低技能劳动者和高技能劳动者之间的技能差距。但有研究警告称，在没有适当监督的情况下使用人工智能可能会导致劳动者的工作水平下降。

8. 人工智能帮助医学研究取得了突破性进展

过去几年，人工智能在 MedQA（医学文本问答数据集）基准测试上表现出了显著的进步，这是评估人工智能临床知识的关键测试。GPT-4 Medprompt 的准确率达到了 90.2%，比 2022 年的最高分提高了 22.6 个百分点。自 2019 年推出该基准测试以来，人工智能的准确性几乎增加了两倍。

9. 人工智能领域的法规数量急剧增加

全球各国或地区的法律法规提及人工智能的次数从 2022 年的 1 247 次增加到 2023 年的 2 175 次，几乎翻了一番。2023 年，美国人工智能相关法规数达到了 25 个，而 2016 年仅有 1 个。

10. 人们意识到人工智能正在产生的影响，对这项技术的发展也更加谨慎

市场调研公司益普索（Ipsos）在 2023 年的一项调查显示，人工智能将在未来三到五年内极大影响生活的人的比例从 60% 上升到 66%。此外，52% 的人表示对人工智能产品和服务感到焦虑，比 2022 年上升了 13 个百分点。

2.2 AIGC 认知

2.2.1 AIGC 概述

1. AIGC 定义

AIGC（Artificial Intelligence Generated Content，人工智能生成内容）是指利用人工智能技术自动生成文本、图像、音频、视频等多种形式内容的过程。就像一支"神笔"，AIGC 拥有无尽的创造力。通过人工智能理解力、想象力和创作力的加持，它可以根据指定的需求和样式，创作出各种内容，如短篇小说、报告、音乐、图像，甚至是视频。AIGC 的出现，打开了一个全新的创作世界，为人们提供了无尽的可能性。

AIGC 的关键在于其生成内容的能力，它能够创造新颖、有创意且接近人类创作水平的作品。这一能力是由大型深度学习模型赋予的。大模型作为生成式 AI 技术的关键支持，通过学习大量数据和复杂模式，为 AIGC 提供了生成高质量内容的基础框架。因此，大模型的能力和规模对 AIGC 的生成效果和创造力具有重要影响。

扩展阅读

AIGC 与大模型

从本质上说，大模型关注模型的规模和性能，更多地强调技术上的突破和创新；而 AIGC 更侧重于大模型如何被用来生成多样化、原创性的内容，是应用层面的概念，其核心目标是创造及增强用户体验。AIGC 的发展很大程度上依赖大模型的支持。随着大模型在规模、效率、精度上的不断优化，AIGC 的内容生成能力也在不断提升。

简言之，大模型是实现 AIGC 的工具和基石，而 AIGC 是大模型应用的一个重要方向，是大模型技术在实际应用场景中的体现和扩展。大模型的发展不断推动着 AIGC 的技术边界，二者相辅相成，相互促进，共同推动着人工智能技术向更高级别的智能化迈进。

2. 内容生成的演进历程

内容生成工具的发展与应用经历了几个关键阶段，逐步推动了内容创作从专业化向大众化乃至智能化的转变。

（1）萌芽期（20 世纪 80 年代至 20 世纪末）

在互联网普及之前，内容创作主要由专业人士或机构完成，即 PGC（Professional Generated Content，专业生成内容）阶段。这一时期虽然没有现代意义上的内容生成工具，但专业的编辑软件、设计工具等为内容生产的专业化奠定了基础。

（2）兴起期（21 世纪初至 21 世纪 10 年代）

随着 Web 2.0 时代的到来，UGC（User Generated Content，用户生成内容）概念兴起，博客、社交媒体、视频分享平台等的出现，使得普通用户也能轻松创作并分享内容。此时，出现了一系列便于使用的编辑软件、在线设计工具、视频剪辑应用等，降低了创作门槛，促进了内容的多样化。

（3）融合期（21 世纪 10 年代中期至 21 世纪 20 年代初）

人工智能技术开始渗透到内容创作领域，AIUGC（人工智能辅助用户生成内容）概念浮出水面。这一时期，出现了利用人工智能技术进行内容辅助创作的工具，比如自动摘要生成器、基于模板的内容创建软件、初级的 AI 绘画和音乐生成软件等。这些工具通过算法推荐、自动化编辑等功能，辅助用户提升创作效率与质量，开启了人机协作的新模式。

（4）智能爆发期（21 世纪 20 年代至今）

进入 AIGC 时代，人工智能技术尤其是深度学习、自然语言处理、多模态生成技术的成熟，催生了高度智能化的内容生成工具。从 AI 写作助手、AI 艺术创作平台到能够自动生成高质量文章、视频、音乐甚至代码的复杂系统，AIGC 已成为内容生产的全新范式。这一阶段的代表性工具如 ChatGPT、文心一言等，不仅能够独立创作内容，还能与用户进行智能交互，提供定制化内容服务，极大地拓展了创意表达的边界。

内容生成的发展历程如图 2-2 所示。

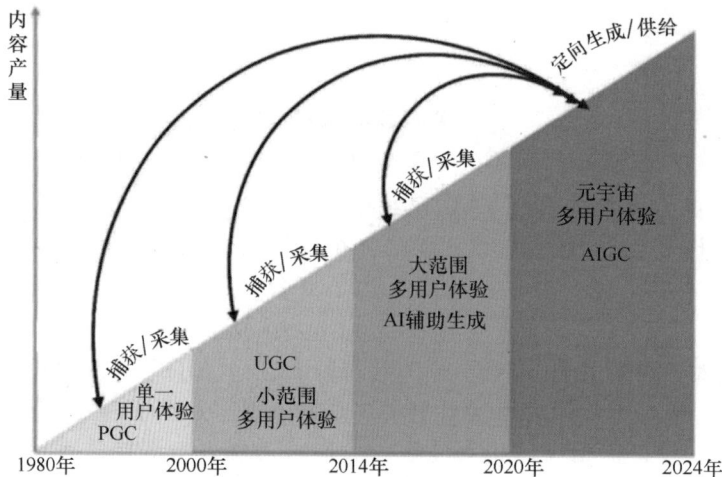

图 2-2　内容生成发展历程

2.2.2　AIGC 的核心价值

AIGC 的核心价值在于其跨领域的适应性和创新性，它不仅能够模拟人类创造力，还在逻辑严密的分析与决策中展现出超凡能力，渗透至社会经济的方方面面。

1. AIGC 的生成内容

AIGC 技术通过学习现有的数据模式，能够创造出新颖且多样化的内容，涵盖多种类型，正在不断革新我们对内容创作的理解和实践。

（1）文字

在文字创作领域，AIGC 展现出了巨大的潜力。它不仅能够与人类进行实时对话，还能生成各种风格的文字作品，如诗歌、故事，甚至是复杂的计算机代码。这种技术的应用极大地丰富了文学创作和编程工作的多样性。图 2-3 是用文心一言创作的一首关于秋天的现代小诗。

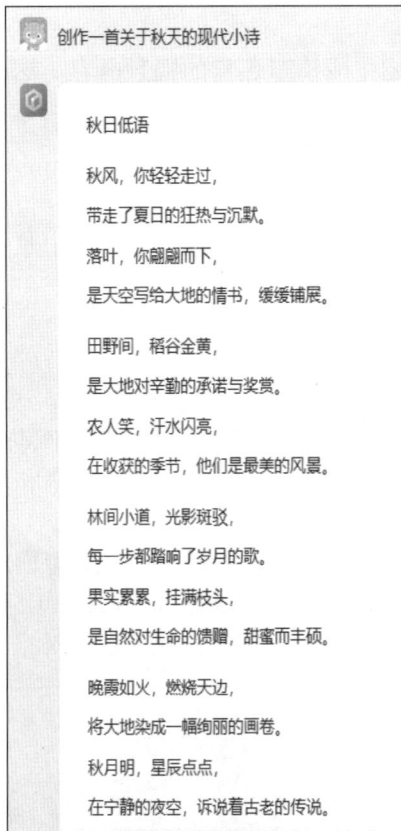

图 2-3　文心一言创作的现代小诗

（2）图像

在图像生成方面，AIGC 可以直接根据文字描述或现有图片，生成各种类型的图像，从而辅助人类进行绘画设计。相关工具有图像自主生成工具和图像编辑工具两种，用户既可以从零开始创造新图像，也可以对现有图像进行优化和调整。图 2-4 是用通义千问创作的一幅关于秋天田园风光的图画。

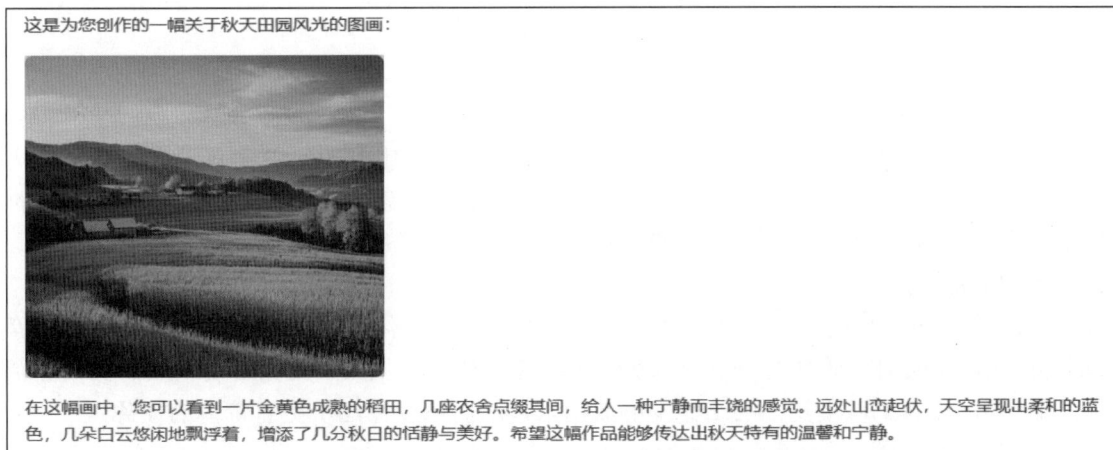

图 2-4　通义千问创作的秋天田园风光图画

（3）视频

AIGC 还可以根据文字描述生成情节连贯的视频内容。这在广告片、电影预告片、教学视频、音乐视频等领域具有广泛的应用前景。此外，它也可以作为视频剪辑工具，帮助视频制作者更高效地完成剪辑工作。

（4）音频

在音频生成领域，AIGC 能够生成逼真的音效，包括语音克隆、语音合成、文本生成特定语音、音乐生成等。这些技术的应用不仅提升了音频内容的丰富度，也为音频创作者提供了更多的创作灵感。

（5）游戏

AIGC 能够生成 3D 模型与动画，创建虚拟现实环境、增强现实体验，可用于游戏开发。从剧情设计、角色设计、配音制作，到美术原画设计、游戏动画、3D 模型和地图编辑器，AIGC 都能提供有力的支持，极大地提升了游戏开发的效率和质量。

（6）虚拟人

AIGC 还能生成虚拟明星、虚拟恋人、虚拟助手和虚拟朋友等。这些虚拟角色不仅存在于非物理世界（如图片、视频、直播、一体服务机、VR 等），而且具备多重人类特征，成为人们日常生活中的互动伙伴。图 2-5 是用豆包生成的新闻播报虚拟助手。

图 2-5　新闻播报虚拟助手

2. AIGC 的产业应用

作为一项前沿技术，AIGC 正以其广泛的应用和深远的影响改写着内容生产的格局。从办公自动化、金融风控与个性化服务，到医疗健康、文化娱乐的内容创新，再到教育领域的个性化学习，以及财务分析与经营策略制定，其应用场景几乎覆盖了各行各业。

（1）AIGC+办公

AIGC 在办公领域的优势主要体现在提高工作效率、优化团队协作和内容自动化生成等方面。例如，中软国际通过大模型技术实现了会议纪要自动生成、文档自动生成摘要、智能邮件回复等，让员工从重复性的工作中解放出来，从而可以专注于更有价值的任务。

（2）AIGC+金融

在金融领域，AIGC 侧重于风险管理、客户服务、投资分析和欺诈监测等方面的应用，可深度融入证券、保险及银行业务之中。艾德金融集团探索了 AIGC 在多个金融场景的应用，如利用 AI 大模型预测市场趋势、个性化金融服务推荐、自动化信贷审批和智能投顾服务等。

（3）AIGC+医疗

在医疗领域，AIGC 能够辅助诊断、制定个性化治疗方案和药物研发。谷歌和 DeepMind 合作开发的 Med-PaLM 大模型便是 AIGC 技术在医疗领域的一大突破，它展示了在医疗领域非凡的能力。比如，通过多模态数据处理，全面综合分析患者信息，提供诊断建议、治疗方案和预后评估；制定个性化治疗和健康管理方案；辅助设计和优化蛋白质结构，加速新药的发现和开发过程等。

（4）AIGC+文娱

AIGC 在娱乐文化行业主要用于内容创作、个性化推荐和虚拟人物开发。例如，百度数字人度晓晓参与的音乐创作，展示了 AIGC 在歌曲创作上的能力。此外，AIGC 技术也被用于电影剧本创作、特效生成，以及虚拟偶像的打造等。

（5）AIGC+教育

在教育领域，AIGC 能够提供个性化学习计划、智能辅导和自动评估服务。一些在线教育平台运用 AIGC 技术，根据学生的学习习惯和进度，自动生成适应性学习材料。AI 助教能够解答学生疑问，提供即时反馈，如 Squirrel AI 等平台，通过 AI 算法优化教学路径，提升学习效率。

（6）AIGC+财务

AIGC 在财务管理中的应用包括财务报表分析、预算管理、风险预测和税务筹划。例如，AIGC 工具自动处理和分析财务数据，生成财务报告，提供决策支持。在风险控制方面，使用 AIGC 模型可以监测企业财务健康状况，预警潜在的财务危机。

通过自动生成高质量内容、优化决策流程、提升服务效率与个性化水平，AIGC 不仅极大地推动了产业创新与效率升级，还为用户提供了更加丰富、精准、高效的服务体验，展现了重塑未来工作和生活方式的巨大潜力与价值。

AIGC 生态全景如图 2-6 所示。

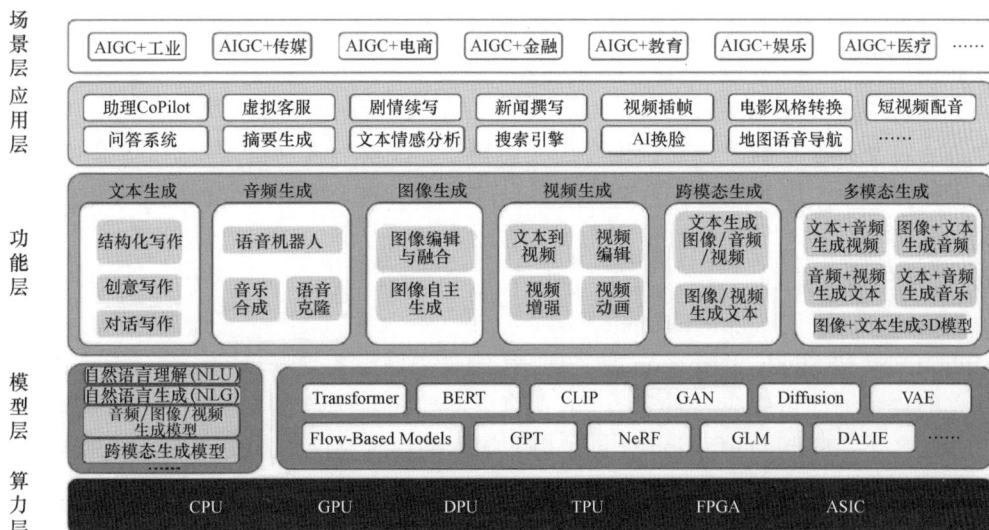

图 2-6　AIGC 生态全景图

扩展阅读

2030 年，中国 AIGC 市场规模将达万亿元级别

根据量子位智库数据，2023 年中国 AIGC 市场规模约为 170 亿元，预计 2025 年之前，中国 AIGC 市场规模增长率都将维持在 25%左右，2025 年市场规模将达到 257 亿元。2025 年起，随着底层大模型逐步对外开放，中间层及应用层将迎来爆发式增长，带动 AIGC 行业市场规模快速增长，年均复合增长率将超过 70%，到 2027 年，中国 AIGC 市场规模将超过 600 亿元。2028 年起，AIGC 产业生态更加成熟，并在各行各业实现商业化落地应用，预计 2030 年中国 AIGC 市场规模将超过万亿元。

2.2.3 常用的 AIGC 工具

1. 文本生成工具

（1）DeepSeek

DeepSeek 在文本生成任务中展现了强大的能力，能够根据用户输入生成连贯、逻辑清晰的文本内容，适用于创意写作、技术文档撰写、多轮对话等多种场景。其独特的强化学习机制使其能够在少量标注数据下快速适应新任务，并在生成过程中不断优化输出质量。此外，DeepSeek-R1 还支持多语言处理，能够实现高质量的语言翻译和跨文化交流。

在行业应用方面，DeepSeek 通过与垂直领域数据的深度结合，为教育、医疗、金融等行业提供了定制化的解决方案。此外，DeepSeek 的开源特性也为其赢得了广泛的开发者社区支持，推动了技术的快速迭代和创新。

（2）ChatGPT

ChatGPT 是 OpenAI 在 2022 年 11 月 30 日推出的一款基于 GPT-3.5 架构的对话应用程序，它能够生成与给定提示相关联的高质量文本，完成对话、问题解答、创意写作、翻译等任务。

与 GPT 系列的其他模型相比，ChatGPT 更加侧重于对话能力，能以更自然、流畅、和上下文相关的方式参与对话，并在连续对话中保持一致性，为用户提供更加接近人类交流体验的对话服务。由于其出色的表现和自然的互动体验，ChatGPT 一经推出，迅速获得了广泛的关注和使用。

（3）文心一言与通义千问

文心一言是百度全新一代知识增强大语言模型，能够与人对话互动、回答问题、协助创作，具备更强的中文理解能力。通义千问是来自阿里云的大规模语言模型。它不仅能够生成各种类型的文本内容，还能提供信息查询、技术支持、学习辅导、语言翻译等广泛的服务。

2. 图像生成工具

（1）Midjourney 与 Stable Diffusion

Midjourney 和 Stable Diffusion 是当前 AI 绘画领域中备受瞩目的两款工具。Midjourney 通过简单的提示词即可生成高质量图像，适合于需要高效产出、风格多样化以及即时创作的场景；相比之下，Stable Diffusion 提供了更为深入的自定义能力和更高的图像处理质量，适合那些对图像细节有高要求的艺术创作者和技术开发者。

（2）文心一格与通义万相

文心一格与通义万相分别为百度和阿里云两大中国科技巨头推出的 AI 绘画平台。文心

一格支持多样化的艺术风格生成，可以体验从传统国画到现代插画等多种视觉效果，还可将图片集成在百度的其他产品中，提升用户体验的连贯性。通义万相可提供高分辨率图像生成选项，支持特定尺寸定制，满足不同场景需求，并具备一定的交互式编辑及优化功能。

3. 视频生成工具

（1）度加创作

度加创作工具是由百度开发的一款 AI 视频制作平台，它允许用户通过简单的文本输入自动生成包含丰富视觉效果和自动配音的视频内容。该工具提供了多种模板，并且支持智能编辑功能如字幕添加、背景音乐等，非常适合营销推广人员和个人创作者快速生成专业级别的视频。

（2）腾讯智影

腾讯智影是一款基于 AI 技术的文字转视频解决方案，能够根据用户提供的文字脚本自动生成高质量的视频作品。除了基本的文字到视频转换外，它还支持一定程度的个性化定制，包括对视频风格的选择和调整，适合需要高效产出视频内容的小型企业或自媒体人士使用。

（3）剪映

剪映最初是抖音官方推出的一款移动端视频编辑应用，现已发展成为跨平台的全能型视频编辑器。它不仅具备基础的剪辑功能，还集成了丰富的特效库和滤镜选项，并引入了数字人播报等功能，让普通用户也能便捷地制作出具有吸引力的短视频内容。

除此之外，还有无界、清影等视频生成工具，这些工具各自拥有独特的特色与优势，可以满足不同用户在视频创作方面的具体需求。

扩展阅读

DeepSeek "扩圈"！应用端受关注，AI 行业进入新阶段

随着 DeepSeek 的迅猛崛起，其"朋友圈"不断扩大，不仅吸引了众多上游合作伙伴的加入，现如今，下游应用端的关注度也在急剧提升。据澎湃新闻报道，DeepSeek 自上线仅 20 天，日活跃用户数便突破 2000 万，涵盖了包括阿里、腾讯、华为、百度等国内多家云巨头，多个行业巨头纷纷宣布接入 DeepSeek，标志着其在应用端的潜力和市场认可度。

1. DeepSeek 的成本优势及应用端前景

根据中信建投证券的分析，DeepSeek 在模型成本上的优势显著，相较于 OpenAI 同类大模型，DeepSeek 的通用及推理模型的成本已降低至数十分之一以下。这一成本优势，不仅为 DeepSeek 在市场上获得了竞争力，也为广泛应用奠定了基础。

机构普遍预期，DeepSeek 将加速推动端侧 AI 和各类应用的落地，其在应用端的影响力将迅速扩展。特别是在 AI 作为生产力工具的大趋势下，AI 应用有望成为新的市场主流，C 端软件将持续发展，B 端应用则更具商业化潜力。

2. B 端 Agent 的商业化前景

中信建投证券指出，DeepSeek 的出现或将引发一轮大模型 API 的降价潮，尤其在 B 端应用方面，有望加速商业化进程。尤其是在 OA（办公自动化）和 ERP（企业资源计划）系统等传统企业应用领域，AI 的结合使得这些工具能够变得更加智能和高效，具备

率先实现商业化的潜力。随着企业对生产力工具智能化的需求不断增加，DeepSeek 等大模型平台提供的技术支持，将助推 B 端 AI 应用的快速发展。

3. AI 与物联网的融合

除了传统的 B 端软件应用，AI 与物联网（IoT）的融合也是 DeepSeek 布局的一个重要方向。随着 DeepSeek 的模型逐步小型化和开源化，物联网端侧 AI 有望迎来加速落地。物联网作为 AI 应用的重要载体，结合 DeepSeek 的优势，将进一步推动智能硬件、传感器、智能终端等领域的创新。

随着物联网设备的日益普及，AI 的端侧部署成为推动这一行业快速发展的关键。DeepSeek 通过提供轻量化、高效能的模型，能够在物联网领域实现更快的计算与更低的能耗，成为市场上不可忽视的力量。

4. 市场展望与投资机会

DeepSeek 的不断扩展以及在各个行业的应用落地，不仅为 AI 产业带来了技术突破，也为投资者带来了新的机会。随着 DeepSeek 在大模型领域的进一步深耕和技术推广，相关产业链的各类公司或将迎来新的发展机会。

（1）B 端应用软件公司：随着 DeepSeek 引领的大模型 API 降价，B 端市场的软件公司，尤其是 OA 和 ERP 领域的领先企业，具备较大的市场商业化潜力。投资者可关注这些公司在 AI 加持下的快速成长。

（2）物联网与 AI 硬件公司：物联网领域的端侧 AI 将成为未来的一个重点方向，结合 DeepSeek 的模型，小型化和开源化的趋势可能推动更多物联网硬件公司迎来发展契机。相关企业有望在 AI 与硬件结合的过程中找到新的市场突破点。

（3）C 端 AI 应用软件：DeepSeek 将助力 C 端软件产品的智能化升级，投资者可关注 AI 驱动的 C 端应用，尤其是在搜索引擎、智能客服、个性化推荐等领域的应用。

DeepSeek 的"扩圈"不仅带来了技术上的革新，也为 AI 产业带来了全新的应用场景与投资机会。随着 DeepSeek 在成本控制和技术创新方面的优势逐步显现，其对 AI 行业的推动作用不可小觑。无论是 B 端的办公自动化、企业资源计划，还是 C 端的软件应用、物联网端侧 AI，DeepSeek 都将在多个领域带来广泛影响，成为未来几年科技行业的关键突破口。

训练提升　》》》》》》》》》》》》》》》

一、单选题

1. 以下哪个选项最准确地描述了大模型？（　　　）

　　A．一种小型的计算机硬件

　　B．具有大规模参数和强大计算能力的人工智能模型

　　C．仅用于图像处理的模型

　　D．用于控制机器人运动的软件

2. 大模型的典型特征不包括以下哪一项？（　　　）

　　A．规模庞大　　　　　　　　　B．强大的计算能力

　　C．单一模态数据处理　　　　　D．深度学习技术

3．以下哪个模型是语言大模型的代表？（　　　）

    A．Inception   B．ResNet   C．GPT-3   D．VGG

4．以下哪个工具是 AIGC 中常用的图像生成工具？（　　　）

    A．Midjourney   B．TensorFlow   C．PyTorch   D．Keras

5．以下哪个模型是跨模态大模型的代表？（　　　）

    A．GPT-3   B．CLIP   C．ResNet   D．VGG

6．以下哪个选项不是 AIGC 技术的核心价值？（　　　）

    A．提高内容生产效率   B．降低内容生产成本

    C．保证内容绝对无误   D．增强内容个性化

二、判断题

1．大模型通常拥有数十亿甚至数百亿的参数，这使得它们能够处理复杂的任务和问题。

（　　　）

2．大模型只能处理单一类型的数据，如文本或图像。（　　　）

3．语言大模型主要用于处理文本数据，理解并生成自然语言。（　　　）

4．AIGC 技术能够生成逼真的音效，包括语音克隆、语音合成等。（　　　）

5．AIGC 技术在医疗领域可以辅助诊断、制定个性化治疗方案和药物研发。（　　　）

6．AIGC 技术在视频生成领域可以将文本内容转化为情节连贯的视频内容。（　　　）

7．通用大模型具有广泛适用性，能够在没有特定领域知识的情况下完成多种任务。

（　　　）

8．行业大模型是针对特定行业或领域定制优化的大模型，开发成本较低。（　　　）

9．AIGC 技术的发展可能会引发一系列伦理和法律问题，如版权和隐私问题。（　　　）

10．AIGC 技术在教育领域可以提供个性化学习计划、智能辅导和自动评估服务。

（　　　）

第3章 驭机有术：AI 对话法则

学习目标 ▼

【知识目标】
- 了解 AI 对话系统的基本特征，掌握 AI 对话与人类对话的差异
- 了解提示词的作用、构成元素及设计意义
- 熟悉提示工程的概念、实践方法和提示词工程师的职责

【能力目标】
- 能够根据具体需求设计清晰、精确的提示词，以引导 AI 产生预期的输出
- 能够把握与 AI 对话的有效策略，如提供详细背景资料、明确提问、逐步深入和恰当反馈
- 能够评估和选择适合的 AI 对话工具，并根据对话情境调整交互方式
- 能够运用提示工程的技巧优化 AI 对话系统的性能和用户体验

【素养目标】
- 培养批判性思维，对 AI 的输出进行准确判断和评估
- 在与 AI 交互中保持文明和尊重的态度
- 强化隐私保护意识，确保在对话中保护个人和他人的隐私安全

内容框架 ▼

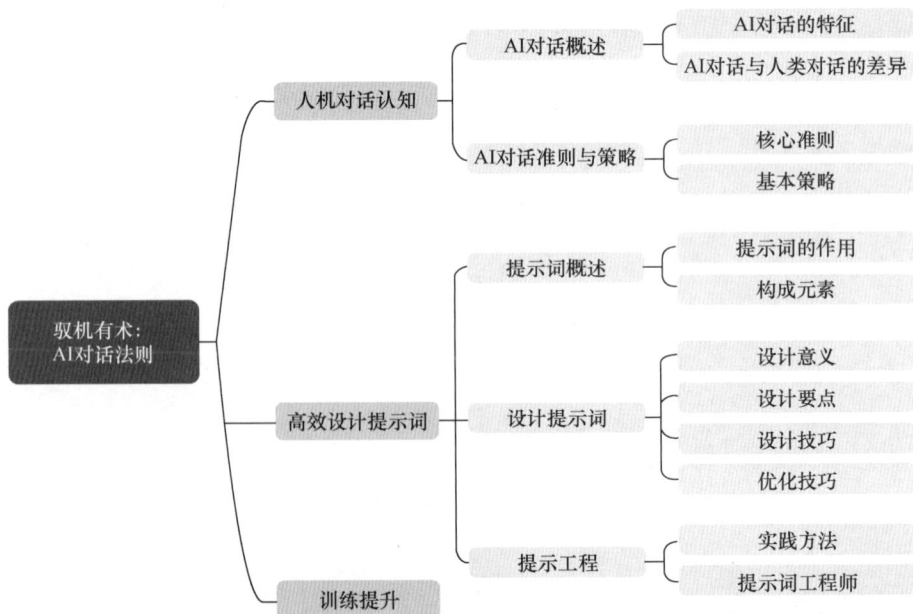

尽管大模型能够提供许多有价值的信息和服务，但如果训练数据中存在偏见、不准确信息或虚假信息，很可能会导致 AIGC 的输出结果存在同样的问题。AI 没有自身的判断力和道德准则，很容易被有意或无意地引导产生错误及不准确的内容。《纽约时报》中的一项研究表明，当研究人员要求 ChatGPT 根据错误和误导性的想法撰写回应时，该机器人大约 80% 的时间都会照做。AIGC 作为工作与生活的重要辅助工具，为人类带来便利的同时，也带来了挑战与风险。了解 AI 的局限性和潜在风险，掌握正确的人机对话技巧，提升自己的批判性思维能力，才能充分利用 AI 技术，为自己的生活和工作带来正面价值。

3.1 人机对话认知

3.1.1 AI 对话概述

AI 对话是指人与 AI 模型进行交互的过程。AI 依赖算法和大规模训练数据，不断学习、优化和模仿人类的思维方式，以提供更加优质和自然的对话体验。与人类对话相比，AI 对话在效率、可扩展性、成本效益、一致性和数据分析能力等方面存在显著优势，在业务场景中扮演着越来越重要的角色。

1. AI 对话的特征

（1）自然语言交流

AI 拥有强大的自然语言处理能力，可以通过算法和模型对人类自然语言进行理解和分析，从而产生自然流畅且语法准确的回答。用户可以通过文字、语音等最自然的方式与 AI 对话，而无须掌握复杂的语言规则或指令。AI 具备一定的上下文理解能力，能基于前面的对话给出连贯的回应。

（2）智能高效

AI 通过算法进行语境识别、意图分析和对话管理等，具有较高的智能化水平。AI 能收集并分析对话数据，学习用户行为模式，不断优化自身表现，提高准确率和效率。AI 具备全天、全年连续工作的能力，可以快速响应用户，在短时间内分析并回答大量复杂的问题，适合大规模外呼、客户服务或信息咨询等场景，尤其在处理重复性高、标准化强的任务时，可以大大节省人力成本。

（3）个性化定制

在海量训练数据的支撑下，除了进行通用型的对话，AI 还可以根据不同场景和用户偏好进行个性化定制。AI 不受情绪、疲劳或其他主观因素的影响，能够持续以设定的最佳状态与用户交流，保证每次对话的一致性和专业性。

2. AI 对话与人类对话的差异

AI 对话与人类对话之间存在着显著的差异，主要体现在理解能力、情感交流、互动方式、适应性、学习能力以及反馈机制等方面。

（1）理解能力

人类之间的交流基于共同的文化背景、语言习惯和复杂的情感理解。人们能自然地理解对方的言外之意、语气变化和非言语信号（如肢体语言、面部表情）等，而 AI 对话则无法实现。机器依赖编程算法和人工智能技术（如自然语言处理等）来理解人类语言。虽然近年来 AI 在理解语言方面取得了巨大进步，但仍然难以达到人类级别的深度理解，尤其是对于隐喻、讽刺以及特定文化的表达。

（2）情感交流

情感是交流的重要组成部分，人类能够自然地表达和感知情绪，通过声音的音调、语速以及身体语言等传递情感信息。AI 系统尝试通过分析文本中的情感词汇、语音的音调等来识别和模拟情感反应，但它们缺乏真正的情感体验，回应往往基于预设脚本或算法，缺乏人类情感的复杂性和真实性。

（3）互动方式

人类对话灵活多变，可以随时根据话题、情绪或环境的变化进行调整，包括非线性讨论和即兴创造性的交流。而 AI 对话通常遵循预定义的逻辑路径或对话树结构，虽然智能助手和聊天机器人正变得越来越能够适应不同的对话场景，但其灵活性和创造性仍有限。

（4）适应性和学习能力

人类能够根据对方的反馈和交流经历不断调整自己的沟通策略，具有高度的适应性和学习性。相比之下，AI 系统虽然也具备学习能力，能够通过机器学习算法从大量的数据中学习并优化响应，但这种学习依赖于设计的算法和提供的数据质量，且通常需要人为干预和训练。

（5）反馈机制

人类对话的反馈是即时且多维度的，包括言语反馈、身体语言和情感反应，使得双方都能快速调整交流策略。对于机器来说，反馈通常局限于文字或语音回复，且可能不够细腻或适时。

综上所述，AI 对话不同于人类交流，存在着一定的局限性。在应用 AI 的过程中必须遵循其对话特征和规律，掌握人机互动技巧，准确高效地引导 AI 工作，提高应用效率和效果。

3.1.2　AI 对话准则与策略

1. 核心准则

进行 AI 对话，要遵循如下准则。

（1）遵循 AI 大模型的工作原理

与 AI 对话前，应理解并遵循 AI 大模型的工作原理，按照人机对话的特征进行人机交互。针对具体使用的 AIGC 工具，尽可能熟悉平台或服务的隐私政策，弄清数据是如何被收集、存储和使用的。

（2）保护隐私，文明交流

与 AI 对话时要讲文明、讲礼貌，严禁使用侮辱性语言或发起有攻击性的讨论。虽然 AI 没有情感，但坚持文明和相互尊重的对话态度不仅体现了个人修养，也能促进更积极、更有效的人机沟通。交流中避免分享个人敏感信息，如身份证号码、银行账户、密码或私人地址等，降低 AI 使用风险。

（3）学习并适应 AI 工具，科学对话

不同公司或研究机构开发的 AI 大模型，在训练数据、技术偏好和模型设计上会存在差异，导致各模型在能力和表现上也不尽相同。在与 AI 对话的过程中，应注意观察和学习 AI

交互的特点，适应其对话模式；根据实际情况合理利用 AI 所提供的语音输入、图像识别等辅助功能；了解 AI 的能力限制，不期待 AI 能够完成超出其设计范围的任务。

（4）保持批判性思维和判断能力

AI 并非万能的。大模型生成的内容有可能存在偏差、不准确或误导性等问题。因此，在与 AI 工具交流时，要时刻保持批判性思维，对其给出的答案和建议要留心辨别真伪，综合判断其效用与价值。

2. 基本策略

可以采取以下基本策略来确保交流的有效性、顺畅性，并获得准确的答案。

（1）提供详细背景资料，明确提问，简洁表述

在与 AI 对话时，应保持简洁明了的提问风格，明确具体地指出问题和要求。同时，尽可能多地提供相关背景信息，使得 AI 系统能够了解问题所在领域、情境等，快速、准确地理解用户意图，抓住核心问题。

（2）逐步深入，恰当反馈

对于复杂的问题，可以将其分解为几个简单的子问题，逐一提问，并且及时检查 AI 给出的回答是否满足需求。对于有帮助的答案给予肯定，针对不合要求的答案，应进一步提问、澄清，帮助 AI 改进。如果需要，可以与 AI 进行持续的对话，直到获得满意的信息或解决方案。

（3）设置合适的回答要求

为了保证 AI 给出精准且符合用户需求的答案与建议，通常情况下，在提问时可以明确限定回答的长度（字数）、范围以及风格样式等。例如："你能用一句话概括第四次工业革命的主要特点吗？"，这样就可以轻松把控 AI 输出的精练程度。

提供足够多的背景信息，明确问题的类型，以及进行多轮对话，都可以提高与 AI 助手交流的效果。这些是人机对话最基本的策略。实际操作过程中想要充分利用 AI 助手，还需掌握一些高级的提问技巧。

3.2 高效设计提示词

3.2.1 提示词概述

提示词（Prompt）是指与人工智能对话系统进行交互时提供的指导性文本，即为了实现特定任务，传递给语言模型的指令和上下文。它可以是一个简单直接的问题、一段详细的文字描述，也可以是带有一堆参数的文本资料。当然，尽管"提示词"本身倾向于特指文本，但只要相应的技术和模型支持，提示词也可以是文本文件、图像、视频、音频资料等媒介形式。

1. 提示词的作用

提示词是 AI 对话的关键一环，连接了用户与大模型工具。对于 AIGC 来说，提示词非常重要，大模型会基于提示词所提供的信息，生成对应的文本或者图片。提示词直接影响模型的生成结果和质量，在以下几个方面发挥了重要作用。

首先，表达需求。用户通过提示词向 AI 表达需求。其次，引导思考。高质量的提示词能引导 AI 深入思考和分析，从而得到更有价值的回答。再次，控制回答范围。设计良好的提示词能限定 AI 回答的范围，提高回答的针对性和实用性。最后，提高准确性。清晰明确

的提示词可以帮助 AI 更好地理解用户的需求，从而提高回答的准确性和相关性。

此外，提示词还可以帮助 AI 大模型更好地处理多义词、歧义和上下文依赖性等问题，提高 AI 大模型的准确性和自然度。

2. 构成元素

提示词通常包括四个关键元素：指令（Instruction）、背景信息（Context）、输入数据（Input Data）和输出指示器（Output Indicator）。

指令是指告诉 AI 用户期望执行的任务目标。背景信息用来提供上下文信息以帮助 AI 更好地理解问题。输入数据是指提供具体数据供 AI 处理。输出指示器用来指示 AI 输出结果的类型或格式。在实际应用中，可以根据具体的任务需求，灵活组合这四个元素，以实现更好的交互效果。

【举例】"请分析以下关于气候变化的学术论文摘要，并以列表形式列出文中提到的三个主要论点。考虑到这是一篇学术论文，你的分析应该侧重于科学论据和数据支持的观点。这里是论文摘要：[文本内容]。"

在这个例子中，指令是"分析并列出三个主要论点"，背景信息是"这是一篇关于气候变化的学术论文"，输入数据是"论文摘要的文本内容"，而输出指示器是"以列表形式"。通过这样的组合，AI 能够更准确地理解任务并提供符合预期的输出。

3.2.2　设计提示词

1. 设计意义

设计提示词是一项技能，涉及如何有效地构造指令，以激发 AI 大模型产生最符合预期的响应。

（1）减少误导和错误

一个清晰且明确的提示词可以显著减少 AI 提供误导性或错误信息的风险。这要求我们对问题的表述进行精心设计，确保每个词都指向正确的方向。

（2）提升 AI 实用性

掌握提示词设计的技巧，有助于我们更充分地挖掘 AI 的潜力，解决现实世界中的问题。这不仅仅是一个技术问题，更是一种策略，让我们能够更有效地与 AI 合作。

（3）适应 AI 技术的进步

随着人工智能技术的不断演进，掌握提示词设计的技巧可以帮助我们更快地适应新的技术环境。这要求我们不断学习，以保持与 AI 技术的同步发展。

（4）提升创造力和批判性思维

掌握提示词设计的技巧，我们能提出更有创造力和批判性的问题，激发新的思考和见解。这在解决复杂问题和进行创新时尤为重要。

（5）增强与 AI 的协作能力

AI 在各行各业广泛应用，与 AI 的高效协作是关键。掌握提示词设计技巧可以提升我们与 AI 的沟通效率，从而更好地利用 AI 解决问题和完成任务。

2. 设计要点

一个精心构思的提示词应当全面且精确，可以从以下角度来引导大语言模型产出高质量的内容。

（1）明确角色身份

设定清晰的角色框架，为模型提供一个具体的行为视角和语言风格导向。这包括定义角色的职业、个性特质、社会地位等，使生成的文本具有鲜明的角色特征和情境适应性。例如，"假设你现在是××"，或者"请您以××的身份/语气/角度……"。

（2）详述背景情境

构建丰富且符合逻辑的背景环境，为模型的创作打下坚实的基础。这不仅是地点和时间的简单说明，更涉及文化氛围、历史时期、情感基调等，帮助模型理解内容产生的上下文，增强叙述的真实感和深度。

（3）确立明确目标

清晰界定所期望的输出目标，无论是信息传递、情感表达、论证分析还是创意构想，都应具体说明需求，确保模型生成的内容紧扣主题，直指核心目标。

（4）细化附加要求

提出具体细致的额外要求，比如文体规范或特点（如学术、通俗、幽默等）、特定词汇或句式的使用、避免的敏感话题等，这些指导原则有助于模型产出更加贴合需求、风格统一且规避潜在风险的文本。附加要求可以"限定范围或主题+指定格式或结构+确定语气或风格+指定关键信息或要素"方式进行。

综合考虑以上四方面形成一个好的提示词，就如同为大语言模型铺设了一条清晰的路径，指引其创造出既符合预期又富有创意的内容，同时也保证了内容的准确度、相关性和适宜性。

3. 设计技巧

（1）设计精准指令

设计指令时要注意以下 4 个要点。

① 确定问题类型。

区分事实类问题、建议类问题、技术类问题和创意类问题等，采用恰当的提问方式。例如，针对历史、地理等领域的事件、人物、概念等事实类问题，通常以"是什么""是谁""什么时候"等形式提出；对于建议类问题常常以"如何""怎样"开场。

【举例】事实类问题："法国的首都是哪里？"

建议类问题："如何提升我的大数据分析能力？"

对于涉及个人观点和感受的主观问题、涉及非公开信息和敏感信息的问题以及需要经验才能解决的问题，尽量避免进行提问。

② 明确任务目标。

设计指令时，清晰地界定用户期望 AI 完成的具体任务至关重要。这有助于 AI 更准确地捕捉需求，避免误解。应避免使用含糊其辞的表达，如"大量""若干"或"稍微"，而应采用明确的量化或限定词，以确保指令的精确性。

【举例】精准指令："比较苹果和橙子的营养成分，重点关注维生素 C 和纤维素。"

③ 使用具体清晰的词汇。

选择清晰、具体的词汇来表达用户意图。使用明确的动词，如"比较""解释""分析""预测""总结"等，以清晰地传达期望 AI 执行的操作。

【举例】使用动词："分析气候变化对全球农业的影响。"

④ 运用简洁明了的表述。

指令的表述应追求简洁和清晰,避免冗长或复杂的句式结构,以及可能引起混淆的专业术语。简洁的语言不仅便于 AI 理解,也使得用户的需求传达更为直接和有效。

【举例】简洁指令:"用一句话概括《巴黎协定》的主要内容。"

(2)提供相关背景信息

提供相关背景信息时应注意以下 5 个要点。

① 设定角色与身份。

在与 AI 的对话中,明确角色和身份是关键。这不仅有助于塑造对话的情境,还能引导 AI 生成符合角色特性的精准回答。

【举例】"作为历史学家,评价工业革命对社会进步的意义。"

② 指出专业领域。

当问题涉及特定专业知识或行业领域时,提供清晰的背景信息至关重要。这有助于 AI 深入理解问题的核心,并提供专业且准确的答案。

【举例】"在量子计算的背景下,解释量子比特的概念。"

③ 考虑文化与地域差异。

在提供背景信息时,应充分考虑不同文化和地域对问题理解及回答方式的影响。通过明确的文化和地域提示,可以确保 AI 的回答更加贴合实际情况。

【举例】"考虑到东亚的文化规范,为一个新产品设计市场营销活动。"

④ 融入实际场景。

通过模拟现实场景来构建对话的上下文,可以显著提升 AI 回答的实用性和相关性。这种场景化的设置可以使 AI 的回答更加贴近用户的实际需求。

【举例】"想象你是一位客服代表,如何处理关于产品故障的投诉?"

⑤ 避免信息过载。

在提供上下文和背景信息时,应注重信息精练和重点突出。过多的信息不仅可能分散 AI 的注意力,还可能导致理解上的混淆,因此提示词应力求信息简洁且富有针对性。

【举例】"简要描述光合作用的过程,不要使用化学方程式。"

(3)多样化输出设计

设计提示词时可以指定多个角色,要求 AI 从不同的角度给出观点和答案;同时,也可以指定 AI 输出的风格、语气、形式,提出关于答案的数量、字数、长短等要求。

【举例】指定多个角色:"从环保主义者和企业管理者的角度出发,讨论使用可再生能源的好处和挑战。"

4. 优化技巧

优化提问是提高文本生成质量的关键所在。以下是一些具体的方法和步骤。

(1)使用分隔符与结构

通过清晰的段落划分、列表标记或关键词高亮,便于 AI 迅速捕捉核心要素,从而提高响应的针对性和准确性。

【举例】"列出远程工作的优点和缺点,用两列清晰分开以提高可读性。"

(2)明确指令所需步骤

详细说明期望 AI 完成任务的每一个步骤,如同给予一份操作指南,有助于 AI 系统精确执行任务，减少误解。

【举例】"准备财务报告时，首先收集所有交易数据，然后对费用进行分类，最后创建带有关键财务指标的摘要。"

（3）提供具体示例

示例可以很好地帮助 AI 模型理解用户需求，引导 AI 模仿或借鉴，生成更加贴合需求的文本。

【举例】"你能模仿威廉·莎士比亚的风格，以'春天'和'更新'为主题创作一首诗吗？"

（4）将复杂的任务拆解成简单的子任务

面对复合型任务时，将其拆解为一系列简单明了的子任务，逐个提出问题，这样可以帮助 AI 逐层理解并有效构建最终答案。

【举例】"分析新政策的经济影响时，先概述政策的关键组成部分，然后确定受影响的行业，最后预测每个行业的潜在变化。"

（5）给模型思考的时间

给予 AI 足够的时间处理信息，特别是处理复杂或高度定制化的请求时，耐心等待往往能够促使 AI 输出更加周全和高质量的文本。

【举例】"这是一个需要深入分析的复杂问题。请花时间认真回答关于第二次世界大战爆发的原因。"

（6）细致审校生成内容

每次生成内容后，务必仔细审查文本是否满足初衷，包括逻辑性、准确性及风格等方面。若发现偏差，应及时调整提问方式，比如精简指令、增加细节说明或调整提问角度，以期达到理想效果。

【举例】审查 AI 生成的文本："提供的摘要抓住了主要事件，但缺少情感影响。你能修改它以包含个人故事或关键人物的引用吗？"

遵循以上策略，用户不仅能提升与 AI 交互的效率，还能显著增强所获取内容的适用性，提高内容质量。

3.2.3 提示工程

提示工程（Prompt Engineering）是专注于大语言模型提示词开发和优化的技术，旨在通过精心设计的提示词和交互方式来引导 AI 产生更准确、更有创意或更符合特定需求的输出。

随着大语言模型的不断发展和完善，提示工程扮演的角色愈加重要。通过不断优化提示词和交互方式，提高输出质量、激发模型创造力、控制输出风格、减少模型输出偏差及增强任务适应性，进而提升模型在各个领域的应用效果。

1. 实践方法

提示工程涉及的技能和技术不仅局限于提示词的设计与研发，还包括与大语言模型的交互、理解模型的能力和局限性、提高模型的安全性，以及利用外部工具和领域知识来增强模型的能力等。其实践方法包括以下几个方面。

（1）提示词设计

精心设计简洁、明确、易于理解的提示词，是提升 AI 模型准确性和可靠性的关键。这要求我们根据任务的具体需求，有针对性地构建指令，确保 AI 能够准确捕捉到任务的核心。

（2）模型交互

通过精细调整输入和输出参数，可以控制生成文本的长度、复杂性及其他特性，实现与 AI 模型高效、深入地交互。这种调整有助于优化用户体验，并确保生成内容的质量和相关性。

（3）能力评估

通过一系列的测试、实验和深入分析，可以全面了解 AI 模型的能力和潜在局限。这些评估结果将为进一步优化提示词设计提供宝贵的数据支持。

（4）安全性评估

设计周密的安全策略，以降低 AI 模型在生成不当内容或误导性信息时的风险。这包括但不限于内容过滤、敏感词检测和用户意图分析，确保 AI 的输出既安全又可靠。

（5）外部工具与领域知识整合

充分利用领域专家的知识和外部专业工具，可以显著提升 AI 模型在特定领域的专业性。这种整合不仅增强了 AI 的实用性，也拓宽了其应用范围。

2. 提示词工程师

提示词工程师（Prompt Engineer）是一个新兴的职业角色，专注于优化与人工智能（特别是生成式 AI）系统的交互过程。他们的主要职责是设计、实施和改进用于与 AI 沟通的文本提示，以确保人工智能能够准确理解用户需求并给出预期的高质量响应。

具体来说，提示词工程师的工作内容主要包括以下方面。

（1）创建与完善提示

开发和优化输入到 AI 系统的文本提示，确保这些提示词能引导 AI 产出精确、相关且符合场景的内容。

（2）掌握并运用专业领域知识

深入掌握不同领域的专业知识，确保设计的提示词能够深入挖掘并满足各领域内的特定需求和专业术语规范。这种深度理解是构建精准提示的基础。

（3）语言表达与优化

运用丰富的词汇库和卓越的语言表达技巧，确保提示语句不仅清晰易懂，而且逻辑严密，便于 AI 准确理解和有效执行。

（4）算法与数据库管理

设计智能算法来识别和提取关键词，同时构建和维护一个高效的关键词数据库，以支持提示的生成过程，提高其智能化和响应速度。

（5）结果评估与调整

通过持续的实践和深入的数据分析，对 AI 输出的质量进行评估，并根据收集到的反馈信息不断调整和优化提示策略，以提升输出内容的准确性和相关性。

（6）内容控制与多样性

通过调整提示词的内容和结构来控制 AI 生成内容的风格、情感和形式，以创造出多样化且满足不同需求的内容。

（7）促进人机交互

致力于提升 AI 系统的用户友好性，确保即便是非技术背景的用户也能轻松地与 AI 工具进行有效互动，从而提高工作效率。

提示词工程师的工作在人工智能的多个应用领域内显得尤为重要，包括但不限于智能客服、内容创作、机器翻译、语音助手、金融科技、医疗健康等。随着 AI 技术的不断演进，特别是在生成式 AI 模型的广泛应用下，提示词工程师的角色变得日益关键，对推动 AI 技术的实际应用和价值实现起到了桥梁作用。

扩展阅读

AI 大模型催生的新职业，提示词工程师是什么？

AI 大模型技术正以前所未有的速度重塑我们的未来。

它们不仅仅是冷冰冰的算法集合，更是拥有无限创造力的智能体。而在这个智能体的背后，有一群关键的角色——提示词工程师。

顾名思义，这类人是专门负责设计和优化 AI 大模型的提示词，以提高模型的响应质量和准确性。他们的工作不仅涉及技术层面的优化，还涉及对用户需求的深刻理解和预测。这种工作性质使得提示词工程师在 AI 技术的迭代和落地中扮演着至关重要的角色。

更通俗地说，他们就像是 AI 的"灵魂导师"，用一行行代码和一条条指令，引导着 AI 大模型变得更智能、更人性化。

想象一下，当你对着 AI 说"画一幅画"，它可能给你一个抽象的涂鸦，也可能给你一幅文艺复兴时期风格的画作。这之间的天壤之别，全凭提示词工程师的"神来之语"。

早在 2023 年 5 月的中关村论坛上，百度董事长兼 CEO 李彦宏曾预测，"未来 10 年，全世界有 50% 的工作将涉及'提示词工程'，教育行业也要加强对学生提问能力的培养。"

2024 年，不少 AI 大模型公司，以及大模型应用开发商，纷纷在招聘平台上挂出了"提示词工程师"的岗位。AI 提示词工程师成为热门职位之一。

训练提升 »»»»»»»»»»»»»»»

一、单选题

1. 以下哪个选项最准确地描述了 AI 对话？（　　）
   - A．人类之间的自然语言交流
   - B．人与 AI 模型进行交互的过程
   - C．仅限于文本输入的交互方式
   - D．仅限于语音输入的交互方式

2. AI 对话的显著优势不包括以下哪一项？（　　）
   - A．自然语言交流
   - B．情感交流
   - C．智能高效
   - D．个性化定制

3. 以下哪个选项是 AI 对话与人类对话的主要差异之一？（　　）
   - A．理解能力　　B．情感交流　　C．互动方式　　D．以上都是

4. 以下哪个选项不是提示词的构成元素？（　　）
   - A．指令　　　　B．背景信息　　C．输入数据　　D．输出数据

5. 以下哪个选项不是提示词设计的意义之一？（　　）
   - A．减少误导和错误
   - B．提升 AI 实用性
   - C．降低计算成本
   - D．提升创造力和批判性思维

6. 以下哪个选项不是优化提示词的方法？（　　　）

    A．使用分隔符与结构   B．明确指令所需步骤

    C．提供具体示例   D．增加复杂性

7. 以下哪个选项不是提示词工程师的工作内容？（　　　）

    A．创建与完善提示   B．掌握并运用专业领域知识

    C．硬件维护   D．语言表达与优化

8. 以下哪个选项不是提示工程的实践方法？（　　　）

    A．提示词设计   B．模型交互   C．能力评估   D．硬件升级

二、判断题

1. AI 对话能够通过自然语言处理技术理解和生成自然语言，提供自然流畅的对话体验。

（　　　）

2. AI 对话系统在情感交流方面与人类对话完全相同。（　　　）

3. 提示词是 AI 对话的关键一环，连接了用户与大模型工具。（　　　）

4. 提示词的设计需要明确角色身份、背景信息、目标和附加要求。（　　　）

5. 提示词设计的主要目的是减少误导和错误，提高 AI 的实用性和创造性。（　　　）

6. AI 对话系统能够完全替代人类进行情感交流和复杂任务处理。（　　　）

7. 提示词工程师需要具备专业领域知识，以确保设计的提示词能够满足特定需求。

（　　　）

8. 提示工程包括提示词设计、模型交互、能力评估和安全性评估等实践方法。

（　　　）

9. AI 对话系统在处理复杂任务时，通常需要人为干预和训练。（　　　）

10. 提示词工程师的工作在智能客服、内容创作、机器翻译等领域有广泛应用。

（　　　）

三、综合题

请设计一个 AI 对话系统的提示词，用于帮助用户查询天气信息，并解释其设计思路。

第4章　智行有道：AI 伦理道德

学习目标 ▼

【知识目标】

- 了解 AI 伦理道德范畴应遵循的原则
- 掌握 AI 责任范畴中的法律责任和教育监管责任
- 了解 AI 应用的伦理风险，掌握 AI 应用的道德准则和伦理要求

【能力目标】

- 能够识别和评估 AI 应用中的伦理问题，制定和执行符合伦理标准的操作流程
- 能够运用伦理准则指导 AI 应用，确保技术使用的合规性

【素养目标】

- 积极推广和维护 AI 伦理标准，促进技术的可持续发展，提升社会的整体福祉
- 增强底线思维和风险意识，培养具有高度责任感和道德水准的 AI 技术应用"数字公民"

内容提要 ▼

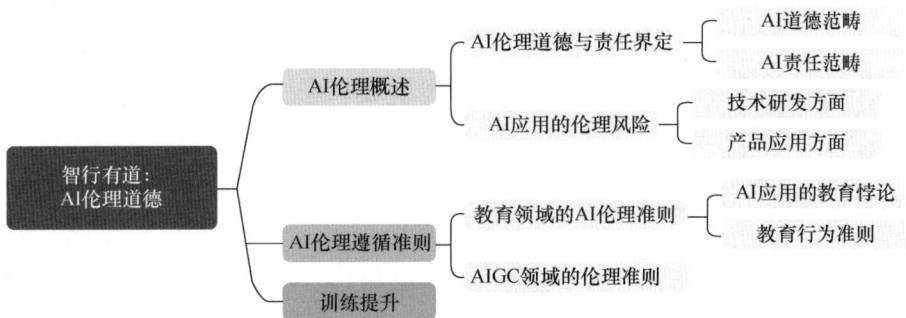

本章导读 ▼

从 ChatGPT 到 Sora，AIGC 技术发展势头迅猛，越来越多 AI 生成的文稿、图片、音频、视频等出现在现实生活中。技术打开了人们的"脑洞"，丰富了大众的视听，增加了社交新玩法，受到广泛期待。但一些别有用心者利用 AI 深度造假，"开局一张图，内容随便编"，以此散布谣言、实施诈骗、操控舆论等，扰乱社会秩序、侵犯他人权益，令人愤慨。

近年来，国内多地公布网络谣言典型案例，其中多起系"AI 生谣"。"某地一煤矿发生事故已致 12 人遇难"，这是利用 AI 自动生成的"新闻体"假文章；"某工业园现大火，浓烟滚滚，目击者称有爆炸声"，则是利用 AI"移花接木"拼成的假视频。不法分子借此博眼球、赚流量、非法获利，造成不良社会影响。

4.1 AI 伦理概述

人工智能伦理（AI Ethics）是研究 AI 系统设计、开发、部署和使用过程中涉及的伦理和道德问题的学科。AI 伦理关注如何确保 AI 技术的开发和应用符合社会价值观和道德规范，保护人类的基本权利。

4.1.1 AI 伦理道德与责任界定

道德是指人类在社会生活中形成的行为规范和价值观念，用于判断行为的善恶和正当性。对于 AI 系统，道德问题主要关注在开发和使用人工智能系统时应遵循的伦理原则和价值观，侧重于指导行为的内在规范。

责任是指对某些行为或结果负有的义务。AI 责任则侧重于在 AI 引发的决策或行为中出现不良后果或风险时，应由谁承担后果和采取纠正措施的法律义务。

1. AI 道德范畴

（1）公平无偏见

消除偏见，促进包容。这里是指 AI 算法的设计和训练过程中应充分考虑到多样性和平等性，避免基于种族、性别、年龄等因素的歧视。同时，鼓励开发包容性更强的 AI 解决方案，让不同人群都能从中受益，促进社会正义。

（2）尊重隐私

保护个人数据隐私，防止数据泄露，确保数据收集、处理和存储符合伦理标准。

（3）诚实透明

AI 系统应能被理解和解释，以便公众、监管者了解其工作原理和决策依据。其行为决策是诚实、透明的，不能误导用户。维护人类在 AI 系统决策中的中心地位，确保人类能够干预和纠正 AI 系统的决策。

（4）注重安全

注重用户安全，确保 AI 系统不会对人类造成身体或心理上的伤害。尊重并适应不同文化背景，避免文化冒犯和误解。

（5）福利与福祉

AI 技术的发展应该着眼于提升人类生活质量，解决社会问题，如医疗健康、教育公平等领域的问题。积极预防和减轻 AI 技术可能带来的不利后果，如自动化可能导致的工作岗位流失，或者过度依赖 AI 可能导致的社会技能退化。同时，促进正向价值，如促进文化交流、支持弱势群体等，构建更加和谐美好的社会环境，避免技术滥用导致对人类生活产生负面影响。

2. AI 责任范畴

（1）法律责任

界定 AI 系统开发者、使用者、监管者等各方的责任界限，明确 AI 系统的责任主体和责任归属，建立并完善相关法律法规，确保在 AI 造成损害时有法可依、有责可究。同时，建立损害赔偿机制，为 AI 造成的损失提供补救途径。

（2）教育监管责任

为用户提供必要的教育和培训，帮助其正确、安全地使用 AI 技术。同时，建立健全监管框架，定期对 AI 系统开展性能评估和道德审查，确保 AI 技术研发和应用符合伦理和法律规定。通过实施伦理审查和定期审计，预防并纠正 AI 应用中的过度依赖、欺诈等伦理风险。

扩展阅读

《新一代人工智能伦理规范》发布

2021 年 9 月 25 日，国家新一代人工智能治理专业委员会发布了《新一代人工智能伦理规范》（以下简称《规范》），旨在将伦理道德融入人工智能全生命周期，为从事人工智能相关活动的自然人、法人和其他相关机构等提供伦理指引。该《规范》中提到，人工智能各类活动应遵循以下基本伦理规范。

> 知识链接
>
> 《新一代人工智能伦理规范》之使用规范和研发规范

（1）增进人类福祉。坚持以人为本，遵循人类共同价值观，尊重人权和人类根本利益诉求，遵守国家或地区伦理道德。坚持公共利益优先，促进人机和谐友好，改善民生，增强获得感、幸福感，推动经济、社会及生态可持续发展，共建人类命运共同体。

（2）促进公平公正。坚持普惠性和包容性，切实保护各相关主体合法权益，推动全社会公平共享人工智能带来的益处，促进社会公平正义和机会均等。在提供人工智能产品和服务时，应充分尊重和帮助弱势群体、特殊群体，并根据需要提供相应替代方案。

（3）保护隐私安全。充分尊重个人信息知情、同意等权利，依照合法、正当、必要和诚信原则处理个人信息，保障个人隐私与数据安全，不得损害个人合法数据权益，不得以窃取、篡改、泄露等方式非法收集利用个人信息，不得侵害个人隐私权。

（4）确保可控可信。保障人类拥有充分自主决策权，有权选择是否接受人工智能提供的服务，有权随时退出与人工智能的交互，有权随时中止人工智能系统的运行，确保人工智能始终处于人类控制之下。

（5）强化责任担当。坚持人类是最终责任主体，明确利益相关者的责任，全面增强责任意识，在人工智能全生命周期各环节自省自律，建立人工智能问责机制，不回避责任审查，不逃避应负责任。

（6）提升伦理素养。积极学习和普及人工智能伦理知识，客观认识伦理问题，不低估不夸大伦理风险。主动开展或参与人工智能伦理问题讨论，深入推动人工智能伦理治理实践，提升应对能力。

4.1.2 AI 应用的伦理风险

目前，人工智能引发的伦理挑战已从理论研讨变为现实风险。

1. 技术研发方面

在技术研发方面，由于人工智能技术开发主体在数据获取和使用、算法设计、模型调优等方面还存在技术能力和管理方式的不足，可能产生数据伦理风险、算法伦理风险等。

（1）数据伦理风险

由于训练数据的偏差或不均衡，AI 系统可能在决策中复制或放大人类社会的偏见，如性别、种族歧视等；在数据收集、存储和处理过程中，个人隐私数据可能被不当使用或泄露。

（2）算法伦理风险

算法的透明度与可解释性不强，用户和监管者无法理解决策背后的逻辑，从而无法甄别信息的真伪，产生信任风险。所以，应建立有效的事实核查机制和内容过滤策略，降低错误信息传播风险。

2. 产品应用方面

在产品应用方面，人工智能在其面向的具体领域以及系统部署应用的过程中，可能出现误用滥用等一系列道德风险。

（1）误用滥用的风险

人工智能技术的应用改变了知识的生产和传播方式，降低了知识获取的门槛，但过度依赖人工智能生成的内容可能会形成学习上的惰性，导致用户逐渐丧失自主寻找、筛选和整合信息的能力。

（2）违规恶意使用风险

AI 技术可能被不法分子恶意利用，通过虚假信息传播、身份冒用等途径违法犯罪。因此，建立人工智能安全监管制度，推进人工智能治理法治化，对于人工智能技术的健康、可持续发展至关重要。

（3）过度依赖风险

在 AI 应用过程中，容易形成工具依赖。过度依赖 AI 可能导致人类思维与技能的退化，影响人的独立思考能力。

（4）教育与就业风险

AI 自动化可能替代某些工作岗位，产生"数字鸿沟"，影响就业结构和社会结构。因此，需通过政策确保技术普惠性，推动技能转型，培育终身学习文化。

此外，在自动驾驶、智慧医疗等特定场景，AI 应用也面临着各种伦理考验。

4.2　AI 伦理遵循准则

4.2.1　教育领域的 AI 伦理准则

AI 工具在教育领域的应用带来了一系列显著的优势，比如个性化学习、效率提升、数据分析、自动化评估等，但是也存在一些挑战，这些可以被视为 AI 在教育应用中的"教育悖论"。

1. AI 应用的教育悖论

（1）个性化与标准化的悖论

AI 可以提供个性化的学习体验，满足不同学生的学习需求。但同时，大规模使用 AI 可能会导致教育过程过度标准化，忽视了教育的人文关怀和灵活性。

（2）自主学习与依赖技术的悖论

AI 鼓励学生自主探索和学习，但过度依赖技术可能会削弱学生的独立思考能力和解决问题的能力。

（3）数据隐私与透明度的悖论

使用 AI 进行学习分析需要收集大量学生数据，这可能侵犯学生的隐私。同时，为了确保公平性和透明度，教育机构需要公开 AI 算法的工作原理，但这可能又引发安全和竞争问题。

（4）教师角色转变的悖论

AI 工具可以辅助教师工作，为教师腾出更多时间开展创造性和情感支持的活动，但也可能被误认为是要取代教师的角色，从而引发教师的职业身份危机。

（5）教育质量与成本效益的悖论

AI 可以提高教育质量，但高昂的开发和维护成本可能会限制它的普及，尤其是对于资源匮乏的学校和地区。

（6）创新与传统教育价值的悖论

AI 推动了教育创新，但可能与某些传统教育价值观和实践相冲突，例如 AI 在一定程度上削弱了面对面交流在教育中的重要性。

解决这些悖论的关键在于找到适当的平衡点，既要利用 AI 的潜力来提升教育，也要注意避免潜在的风险和负面影响，确保教育的公平性、质量和人文关怀。教育工作者、政策制定者、技术开发者和家长需要共同努力，建立一个既包容又负责任的教育生态系统。

2. 教育行为准则

基于 AI 在教育领域应用存在的伦理挑战，教师与学生共同遵守伦理道德显得尤为重要，这是构建安全、公正且富有成效的学习生态的基础。教师作为引导者，需确保技术运用促进教育公平，维护每个学生的隐私权益，同时教导学生识别并抵制 AI 偏见。

学生在 AI 应用过程中应当秉持诚信与尊重的原则，诚实使用学习工具，避免抄袭，尊重原创，维护学术诚信；增强个人隐私保护意识，谨慎分享个人信息，理解并监督 AI 技术在学习中的应用；培养批判性思维，辨别 AI 生成内容的真实性和价值，不盲从技术输出；积极参与构建正面的数字社区，拒绝传播不当或有害信息，促进健康的网络环境；同时，关注 AI 伦理议题，反思技术对社会和个人的影响，成为有责任感和道德观念的"数字公民"。

4.2.2 AIGC 领域的伦理准则

在人工智能内容生成场景下，AI 应用需要严格遵守一系列伦理道德规范，确保其生成的内容既合法又符合社会伦理标准。

（1）真实准确，公平无歧视

AI 生成的内容应保证真实无误，消除偏见，杜绝群体歧视，避免传播虚假信息或误导性内容。防止 AI 技术被用于操纵舆论，确保信息的准确性和可靠性。

（2）尊重知识产权，保护个人隐私

AI 生成的内容应符合数据保护法律法规，不会泄露或不当使用个人信息。避免侵犯版权等知识产权侵权行为，尊重原创，鼓励人机合作创新，合法使用生成内容。

（3）符合社会价值观与道德规范

AI 生成的内容需符合主流社会价值观和道德标准，避免生成低俗、暴力、仇恨言论等不良内容。尊重各地区文化习俗和信仰，避免触犯文化禁忌。

（4）透明且可追溯

应用过程和应用逻辑应保持一定的透明度，允许用户追溯内容来源，理解内容生成机制。同时，向用户明确标识 AI 生成内容，保障用户的知情权，避免用户将 AI 生成内容误认为真人创作。

另外，应明确 AI 生成内容的责任主体，建立健全责任追溯机制，当内容引发问题时，能有效界定和追究责任。在人机协作创作场景中，明确界定 AI 与人类创作者的角色、权利与义务，确保合作过程的公平与尊重。

通过遵守这些伦理道德规范，AIGC 应用可以更加负责任地服务于社会，促进技术的健康发展。

扩展阅读

科技部发文禁止人工智能生成申报材料

2023 年 12 月，科技部监督司编制印发《负责任研究行为规范指引（2023）》，提出不得使用生成式人工智能直接生成申报材料，不得将生成式人工智能列为成果共同完成人，同时强调科研人员应把科技伦理要求贯穿到研究活动的全过程。

从 2022 年年底 ChatGPT 横空出世，到国内外掀起"百模大战"，生成式人工智能成为人们写作的新帮手。"头脑风暴"、数据分析、图表生成……其功能之强大让许多人高呼"水平超越自己"。然而，人工智能辅助写作也带来了学术诚信、信息造假等问题。

AI 写文章，你能发现吗？

根据英国高等教育政策研究所发布的调研，1 250 名英国本科生中有 53% 的学生正在使用 AI 写论文。使用 AI 的学生中，25% 的人用 AI 来制定论文主题，还有 5% 的学生承认曾直接将 AI 生成的内容复制粘贴到论文中。

"这一现象已经不是新问题了。我们曾经发现，学生的毕业论文里，有的段落的中文'不像中文'，之后才知道，学生是将自己以前发表的英文论文用 AI 工具翻译成中文粘贴过来。"江苏省人工智能学会自然语言处理专业委员会副主任、南京大学人工智能学院副院长戴新宇教授，分享了一段令他哭笑不得的经历。他表示，此类"翻译抄袭"也是现在较为隐蔽的一类学术不端行为，目前一些查重软件已可以实现"跨语言"检索。

AI 难辨真伪，监管成为关键

目前已有一些 AI 识别的方法和技术，比如数字水印。2023 年，抖音、小红书等社交平台纷纷要求创作者在人工智能生成的内容上明确标注，根据实际情况勾选"内容由 AI 生成"。此外，还有通过分析文本中词汇的分布来辨别内容是否为 AI 创作的技术。以学术论文为例，对于注重文字表达的学科，如人文社科领域，直接使用 AIGC 的痕迹非常容易被发现；但在一些理工科领域，隐蔽地使用 AI 进行数据生成、加工和处理，往往难以发现。

2023 年 9 月，中国科学技术信息研究所等机构联合发布《学术出版中 AIGC 使用边界指南》（以下简称《指南》），建议研究人员使用生成式人工智能（AIGC）直接生成的稿件文字等资料必须提供明确的披露和声明，否则将构成学术不端行为。《指南》还规定，研究人员使用的数据必须是研究人员进行实验并收集所得，如使用 AIGC 提供的统计分析结果需进行验证。

AI 导致失业？培养"AI 素养"成为必修课

尽管 AI 为我们的生活带来重重挑战，但专家普遍认为，不能"因噎废食"，而是更应注重培养具备应对能力的人才队伍。以写作为例，基础性的文案整理容易被替代，但 AI 是难以进行创意型工作的，假使让 AI 写一篇仿照鲁迅风格的文章，它可能只会生成一些逻辑不通的文章，只是词语堆砌而缺失内涵。

戴新宇指出，鼓励学生学习并使用 AI 工具是当下的大趋势。比如，在大规模的文献调研中，AI 工具可以快速检索到相关文献，并进行总结归纳。在考古领域，可以使用工具分析大量历史数据，生成新的发现。但同时，培训学生合理使用 AI 也是至关重要的，比如使用 AI 进行学术造假就应承担必要的责任。是否会使用 AI 工具这一素养，会将人与人的差距拉大。不会使用 AI，或者过度依赖 AI 提供的信息，都是值得警惕的。

如果将人工智能定位为一个研究助手，其实它还有巨大潜力可以挖掘。在跨学科、交叉学科的研究中，人工智能也会起到重要的作用。人工智能工具就像是一个"外接大脑"，比如当下许多人文社科的研究也趋向量化实证研究，一位没有学过编程的文科生，也可以用 AI 编写代码以帮助自己完成相关研究。

人工智能代替了一部分基础性的岗位，但也催生了许多新兴工作岗位。以计算机行业为例，以往有许多毕业生可能从事网络安全、软件安全领域的相关工作，现在有许多毕业生会从事大模型安全领域，未来也会有更多新兴岗位的出现。

训练提升 ▶▶▶▶▶▶▶▶▶▶▶▶▶▶

一、单选题

1. AI 道德范畴不包括（　　）。

   A．公平无偏见　　　　　　　　　B．尊重隐私和人权

   C．诚实透明　　　　　　　　　　D．增加利润

2. 以下哪个选项不属于 AI 应用的伦理风险？（　　）

   A．数据伦理风险　　　　　　　　B．算法伦理风险

   C．技术伦理风险　　　　　　　　D．商业伦理风险

3. 以下哪个选项不是 AIGC 领域的伦理准则？（　　）

   A．真实准确，公平无歧视　　　　B．尊重知识产权，保护个人隐私

   C．符合社会价值观与道德规范　　D．优先考虑企业利润

二、判断题

1. AI 伦理道德的核心是保护用户隐私和数据安全。　　　　　　　　（　　）

2. 教育领域的 AI 伦理准则强调公平和透明。　　　　　　　　　　（　　）

3. AIGC 领域伦理准则主要关注版权保护和内容生成的合法性。　　（　　）

4. AI 伦理遵循需要企业和用户共同努力。　　　　　　　　　　　　（　　）

应用篇

AIGC 实践探索

智慧引擎的力量

作为智慧引擎，AIGC 正以前所未有的力量重塑着我们的世界，释放着推动创新、加速发展、优化体验的强大动力。AIGC 凭借其广泛的应用和重要性，正深刻地改变着各行各业的面貌，开启了一个充满无限可能的新纪元。

创意产业的革命者。AIGC 为创意产业注入了新的活力。无论是艺术创作、音乐作曲，还是文学写作，智慧引擎都能够激发灵感，拓展想象的边界，让艺术家们能够站在巨人的肩膀上，创造出前所未有的作品。它不仅提升了创作效率，还促进了跨界融合，让创意的火花在不同领域间碰撞，孕育出更加丰富多元的文化成果。

商业决策的智囊团。在商业领域，AIGC 成为企业决策的重要顾问。通过对海量数据的深度分析，智慧引擎能够洞察市场趋势，预测消费者行为，帮助企业制定精准的营销策略，提升产品竞争力。在供应链管理、库存优化、客户关系维护等方面，AIGC 的应用也极大地提高了运营效率，降低了成本，为企业带来了实实在在的经济效益。

教育培训的革新者。智慧引擎在教育领域的应用，正逐步打破传统教学模式的局限。个性化学习路径的设计、智能化的教学评估、互动式的学习体验……AIGC 使得教育更加灵活、高效，满足了不同学生的学习需求。它不仅提升了教学效果，还促进了终身学习理念的普及，让知识的获取变得更加便捷、有趣。

医疗健康的守护神。在医疗健康领域，AIGC 正扮演着越来越重要的角色。从疾病诊断、药物研发到个性化治疗方案的制定，智慧引擎凭借其强大的数据分析能力和模式识别能力，为医生提供了宝贵的决策支持，提高了诊疗的准确性和效率。此外，AIGC 还在远程医疗服务、健康管理、患者监测等方面展现出巨大潜力，让医疗服务更加智能、贴心。

社会治理的智慧之光。在社会治理层面，AIGC 的应用有助于构建更加智能、高效的公共服务体系。无论是交通管理、环境保护，还是公共安全、应急管理，智慧引擎都能够提供实时的数据分析和预测，帮助相关部门做出更加科学、及时的决策，提升城市治理水平，增强民众的安全感和幸福感。

智慧引擎的力量，正如一盏明灯，照亮了 AIGC 无限广阔的应用前景。

开篇寄语 ▼

从艺术创作到商业决策，从教育改革到医疗健康，从智慧城市到社会治理……AIGC 正以其独特的魅力和无尽的潜能，重新定义着我们的生活方式和思考维度。党的二十大报告指出，推动战略性新兴产业融合集群发展，构建新一代信息技术、人工智能、生物技术、新能源、新材料、高端设备、绿色环保等一批新的增长引擎。本篇将带领大家探索 AIGC 在各个领域的科学应用与发展，共绘智能未来。

第 5 章　连环思维者：实时交流

学习目标 ▼

【知识目标】
- 理解 AI 大模型的工作原理
- 了解如何将 AI 技术与特定领域的知识有效结合，创造有价值的智能服务

【能力目标】
- 能够引导多种 AI 大模型工具在心理疏导、情感联结、健康向导、采购推荐、旅行助手、阅读参谋等多场景下实现即时、高效的交流

【素养目标】
- 注重 AI 应用伦理，培养终身学习的态度，形成始终以用户需求为核心的设计思维

内容框架 ▼

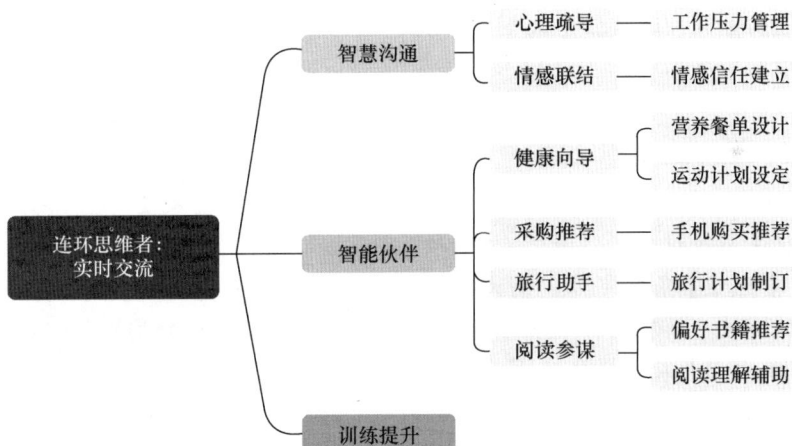

本章导读 ▼

2024 年 5 月 GPT-4o 的发布，使得 ChatGPT 进入实时互动纪元。GPT-4o 是 GPT-4 的升级版，"o"代表"omni"（全知全能），其最快反应速度仅需 232 毫秒，完全可做到与人类在正常对话中同频，实现了近乎面对面自然沟通的效果。它不仅能够理解用户的情感和需求，还能根据用户的反馈进行即时调整和响应，提供更加个性化和高效的互动服务。在社交娱乐场景中，AI 可以精准理解用户意图并进行语音互动，为用户提供丰富且真实的情感价值。此外，实时交流功能还支持多种语言，极大地促进了跨文化交流和相互理解。AI 在提升用户体验、增强人机协作以及推动高价值场景创造方面发挥着至关重要的作用。

5.1 智慧沟通

AI 大模型技术在模拟人类对话方面，已成为 AIGC 领域最基础且关键的应用之一。其不仅能有效应用于在线客服场景，协助用户处理产品咨询及售后服务等需求，还能扮演多样角色，广泛应用于心理疏导和情感交流等领域。这种技术实现了 24 小时不间断的自动响应服务，支持多语言交互，并具备自动识别用户情绪的能力，为用户提供更加个性化的服务体验。除了精准理解和生成人类语言，随着语音识别技术的快速进步，大模型更像个有生命的小精灵，可以与用户进行流畅自然且真实亲切的语音交流。

【应用场景 1】心理疏导

案例 5-1：工作压力管理

案例背景：辛迪是一位 30 岁的项目经理，在一家知名 IT 公司工作。最近他负责的项目遇到了瓶颈，加上团队内部的沟通问题，多重压力令他晚上难以入眠，白天精力不足，严重影响了工作效率和个人生活质量。辛迪性格内向，不善于主动寻求帮助，但内心渴望得到理解和支持。

任务要求：选择任意大模型工具，模拟辛迪与 AI 机器人的对话过程，体验 AI 机器人如何帮助职场人士正确处理人际关系，恰当缓解工作压力。

指令设计

【要点 1】基本信息输入：向大模型提供辛迪的基本信息，包括性别、年龄、职业以及当前状态等信息。

【要点 2】角色定位：向大模型明确其角色为一名心理咨询师和团队管理者，具备疏导各种情绪、解决各类心理问题的能力，并且拥有高效的沟通技巧。

【要点 3】需求提炼：围绕业务场景，向大模型表述"沟通问题""工作压力""难以入睡""精力不足"等关键词。

【要点 4】输出设定：向大模型陈述要获得哪些方面的帮助，如给出团队沟通管理技巧、工作压力缓解方式，以及焦虑、抑郁的早期识别和自救方法等。

【要点 5】输出优化：根据大模型提供的初步方案，结合目标需求向大模型下达进一步优化后的问题指令。

参考指令与生成

【基本指令】你好，我是一家知名 IT 公司的项目经理，30 岁。由于我负责的项目遇到了瓶颈，且团队内部存在沟通问题，使我工作压力很大，晚上难以入眠，白天精力不足，严重影响了工作效率和个人生活质量。我性格内向，不善于主动寻求帮助，但内心渴望得到理解和支持。

【AI 生成】

你好，我非常理解你目前所面临的困境和压力。作为项目经理，你要承担项目成功与否的责任，同时还要处理团队内部的沟通问题，这确实是一项挑战。在这种情况下，感到压力和焦虑是很正常的反应。

面对这样的困境，以下是一些建议，希望能帮助你缓解压力并找到解决问题的方法。

- 寻求支持：虽然你性格内向，但在这个关键时刻，寻求外部支持是非常重要的。你可以找一位信任的同事或朋友倾诉，或者咨询专业的心理咨询师。他们可以提供客观的意见和建议，帮助你更好地应对压力。
- 优先排序：重新评估项目的优先级和目标，确定哪些任务是最关键和紧急的。这样可以帮助你更清晰地了解当前的工作重点，减少不必要的压力。
- 有效沟通：尝试改善团队内部的沟通问题。你可以组织定期的团队会议，确保每个人都有机会表达自己的意见和想法。同时，也要鼓励团队成员之间的开放交流，促进团队合作和协作。
- 时间管理：合理安排工作和休息时间，避免过度劳累。确保有足够的休息和睡眠时间，这对于保持精力充沛和提高工作效率至关重要。
- 寻求解决方案：针对项目中遇到的瓶颈，积极寻找解决方案。可以与团队成员一起讨论，或者向上级领导汇报，寻求他们的支持和指导。
- 自我关怀：在忙碌的工作中，不要忘记照顾好自己。尽量保持健康的生活方式，包括均衡的饮食、适量的运动和足够的休息。
- 设定目标：为自己设定短期和长期目标，这将有助于你保持动力和方向感。同时，也要学会庆祝每一个小成就，这将给你带来更多的满足感和自信。

请记住，你不是一个人在战斗，有很多人愿意帮助你度过这个困难时期。勇敢地迈出第一步，寻求帮助和支持，相信你一定能够克服当前的困境。

> **提示**
>
> 由于基本指令中没有提出具体要求，AI 仅仅根据当前问题给出了一些指导建议，比较宽泛。可以在基本指令的基础上，进一步补充指令内容，明确角色定位和具体要求，以便得到更为满意的答复。

【优化指令】假设你是一名专业的心理咨询师和团队管理者，具备疏导各种情绪、解决各类心理问题的能力，并且拥有高效的沟通技巧。请从团队沟通管理技巧、工作压力缓解方式，以及焦虑、抑郁的早期识别和自救方法三个方面给出具体的指导。

【AI 生成】

你好！作为一名专业的心理咨询师和团队管理者，我非常理解你目前所面临的挑战。以下是针对你提到的三个方面的具体指导。

团队沟通管理技巧

- 明确沟通渠道：确保团队内部有清晰的沟通渠道，比如使用团队协作工具（如 Slack、Microsoft Teams 等），并明确哪些类型的信息应该通过哪个渠道传递。
- 定期组织团队会议：设定固定的时间进行团队会议，无论是面对面还是线上会议，确保每个人都有机会发言和分享进展。

- 建立信任：鼓励团队成员之间的开放沟通，通过团建活动和非正式聚会来增强团队间的信任和了解。
- 有效倾听：作为项目经理，你需要展现出良好的倾听技巧，确保你能理解团队成员的观点和需求，并做出适当的回应。

工作压力缓解方式

- 时间管理：学习有效的时间管理技巧，比如使用番茄工作法或优先级矩阵，有助于更好地安排工作和休息时间。
- 工作分解：将大任务分解为小任务，设定可实现的短期目标，这样可以减少压力并带来完成的满足感。
- 休息和恢复：确保你有足够的休息时间，包括短暂的工作间歇和定期的休假。
- 身体活动：定期进行身体锻炼，如散步、瑜伽或健身，可以帮助减轻压力并提高精神状态。

焦虑、抑郁的早期识别和自救方法

- 自我监测：注意自己的情绪和身体变化，如持续的焦虑、失眠、食欲变化等，这些可能是焦虑或抑郁的早期迹象。
- 情绪日记：记录你的情绪和触发因素，这有助于你识别情绪模式并采取相应措施。
- 寻求专业帮助：如果你发现自己的情绪问题难以自我管理，不要犹豫，去寻求专业的心理咨询师或医生的帮助。
- 放松：学习放松技巧，如深呼吸、冥想或渐进式肌肉放松，可以帮助你在压力情境中保持冷静。
- 建立支持网络：与亲朋好友保持联系，建立稳定的社交支持网络。在需要的时候，向他们寻求帮助和支持。

总之，作为项目经理，你的身心健康对于团队的成功至关重要。照顾好自己，不仅能帮助你更好地应对当前的挑战，还能够为团队树立积极的榜样。

指令优化后 AI 生成的内容集中在团队沟通管理技巧、工作压力缓解方式以及焦虑、抑郁的早期识别和自救方法三个方面，提供的指导更清晰、更具体，便于实践。

> **提示**
>
> （1）大模型具有很强的上下文理解能力，用户可以根据自己对 AI 生成内容的满意程度，连续提出修改意见。只要不重新打开新的对话框，大模型能持续按指令做出优化反馈。
> （2）如果想用优化后的指令重新生成内容，可以在优化指令前加"忽略前面所有提问"，提示大模型重新开始问题解答。
> （3）作为语言描述以外的补充与辅助，大模型支持以文本或图片形式上传的参考信息和资料。
> （4）大模型提供语音输入方式，在打字不方便时可以通过语音与其互动。

除了工作压力管理、失恋心理恢复等各类心理问题疏导，大模型还提供智能聊天、人格测试、情绪树洞、心理调节游戏等多种服务。专业的心理疏导机器人可以通过对话和情感分析技术识别用户的情绪状态，提供即时支持，自动给出情绪调节策略。当前讯飞星火、文心一言等各大通用大模型平台也推出了面向不同应用场景的智能体，其功能全面，涵盖职场、创作、学习等多个领域，能够针对具体问题进行深入探索，为用户提供了便捷的应用体验。图 5-1 是讯飞星火智能体中心截图（部分）。

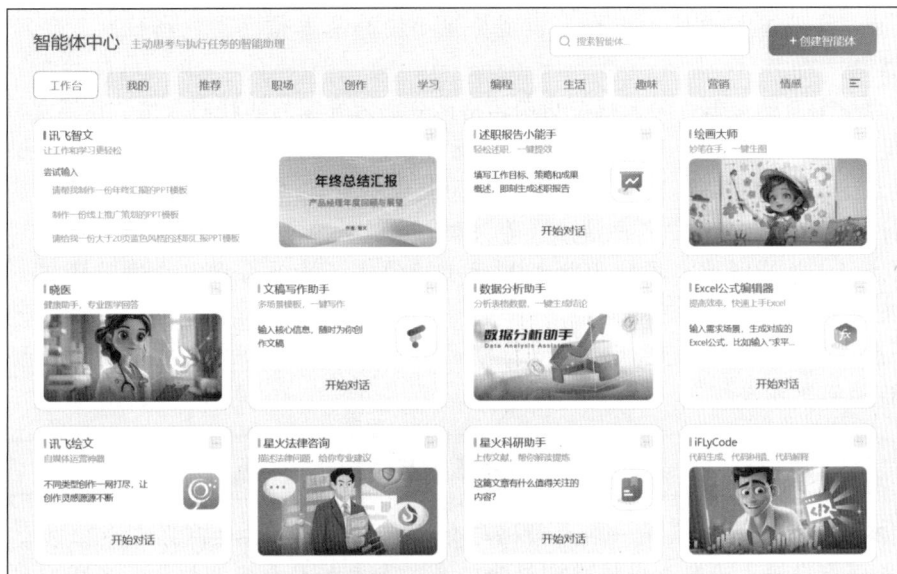

图 5-1　讯飞星火智能体中心（部分）

牛刀小试

请根据下列实训背景和任务要求设计提示词，完成大模型内容生成。

实训背景：张薇，女，目前是一名大二学生。入校时她经过面试，进入校团委担任学生干部。经过一年的学习和历练，她成功当选为校级团干部、部门负责人，同时兼任系学生干部、班级学生干部、校级社团成员。张薇活泼开朗、善于交际，工作勤恳尽责，得到师生的一致认可。但是最近一段时间，张薇精神状态不佳，学习、工作效率下降。她觉得自己担任的职务太多，工作任务较重，加上近期参加专业技能训练，学习压力增大，虽然每天忙碌不已，但仍旧无法保质保量完成学习任务和工作任务，因此内心压抑、情绪不佳，对学生干部工作产生抵制情绪。

任务要求：选择任意大模型的心理辅导智能体，模拟张薇与 AI 机器人的对话，体验心理辅导机器人在情绪识别与调节、语音交流与陪伴以及提供即时心灵抚慰等方面的功能。

【应用场景 2】情感联结

案例 5-2：情感信任建立

案例背景：小杨是一名大数据与会计专业的大三学生，男生，20 岁，目前正在一家代账公司实习，为客户提供代理记账服务。初入职场的他发现自己的情商较低，在处理客户关系时缺乏必要的沟通技巧，常常因为言行不当而失去潜在的合作机会。

任务要求：选择任意大模型工具，帮助小杨识别个人情绪触发点和压力反应模式，提供关于职场沟通和情商提升的经验、技巧和方法，给出建立客户信任的途径。

指令设计

【要点1】基本信息输入：向大模型提供小杨的基本信息，包括性别、年龄、专业、职业等信息。

【要点2】角色定位：向大模型明确其角色分别为资深沟通技巧教练、情商提升顾问和客户管理大师，可以从客户沟通技巧、情商提升方法及获取客户信任的途径等方面给出专业解答。

【要点3】需求提炼：围绕业务场景，向大模型表述"情绪触发点""压力反应模式""客户沟通""情商提升""客户信任"等关键词。

【要点4】输出设定：要求大模型基于小杨的实际情况给出客户沟通技巧、情商提升方法以及获取客户信任的途径等。

【要点5】输出优化：根据大模型提供的初步方案，结合目标需求向大模型下达进一步优化后的问题指令。

参考指令与生成

【基本指令】你好，我是一名大数据与会计专业的大三学生，男生，20岁。目前正在一家代账公司实习，为客户提供代理记账服务。我参加社会实践较少，不懂职场规则和与客户沟通的技巧，情商比较低，常常因为不当言行而失去潜在的合作机会。请在客户沟通技巧、情商提升方法以及获取客户信任的途径等方面给我帮助，以保证我快速掌握职场处事原则，提高工作能力。

【AI生成】

你好！作为一名正在实习的大学生，你已经展现出了积极的学习态度，这本身就是一种非常宝贵的品质。下面我会从客户沟通技巧、情商提升方法以及获取客户信任的途径这几个方面来给你一些建议。

客户沟通技巧

- 倾听：首先学会倾听客户的需要和问题，而不是急于表达自己的观点。这不仅能帮助你更好地理解客户的需求，还能让客户感受到被重视。

- 清晰简洁：在与客户交流时，尽量使用简单明了的语言，避免使用行业术语或复杂的表达方式，除非你确定对方能够理解。

- 同理心：尝试站在客户的角度思考问题，理解他们的需求和担忧。这样可以帮助你提供更加贴心的服务。

- 积极反馈：对客户的询问给予及时反馈，即使是暂时无法解决的问题，也应该告知客户你正在处理中，并承诺会在一定时间内给出答复。

- 非语言沟通：注意你的肢体语言、面部表情和语气，这些都能传达出你的态度和情绪。

情商提升方法

- 自我意识：了解自己的情绪状态，识别触发情绪的情境，这有助于你在面对压力或挑战时保持冷静。

- 情绪管理：学习控制自己的情绪反应，比如通过深呼吸、短暂休息等方法来缓解紧张情绪。
- 社交技能：练习主动倾听、有效沟通和解决冲突的能力。
- 共情能力：培养理解和感受他人情感的能力，这对于建立良好的人际关系至关重要。
- 自我激励：设定个人目标并努力实现它们，这可以增强你的自信心。

获取客户信任的途径

- 专业知识：不断学习和提升自己的专业技能，确保能够提供准确、高效的服务。
- 诚实守信：始终诚实对待客户，遵守承诺，即使是在困难的情况下也要尽力完成任务。
- 透明沟通：与客户分享项目的进展和可能遇到的问题，让他们感到放心。
- 个性化服务：根据每个客户的特定需求定制服务方案，展现出你对他们业务的关注和理解。
- 持续跟进：项目完成后仍保持联系，询问客户是否还需要其他帮助或建议，这有助于建立长期合作关系。

最后，记得要给自己一些时间和空间去适应新环境，不要因为初期的一些挫折就气馁。随着时间的推移，你会逐渐变得更加熟练和自信。希望这些建议对你有所帮助！

【优化指令】谢谢。假设你是一位资深沟通技巧教练，请给我提供 3 条实用的技巧，以帮助我在职场中更好地与客户沟通；以情商提升顾问的角色，告诉我提高情商有效的训练途径；以客户管理大师的角色，提供建立客户信任高效的方法。

【AI 生成】

当然可以！作为一位资深沟通技巧教练、情商提升顾问和客户管理大师，我会给你提供一些更加具体实用的建议。

实用的客户沟通技巧

1. 提问的艺术

- 开放式问题：使用开放式问题鼓励客户分享更多信息，例如："您对这个项目有什么具体期望？"
- 封闭式问题：在需要具体答案的时候使用封闭式问题，例如："您是否同意这个方案？"
- 澄清问题：如果客户提到的信息不明确，可以用澄清问题的形式确认，例如："您的意思是……？"

2. 积极倾听与反馈

- 重复要点：重复客户的关键点，以确认你正确理解了他们的意思。
- 非语言反馈：通过点头、微笑等非语言方式显示你在认真听。
- 情感反馈：表达你对他们所说内容的理解，例如："我能理解，这对您来说很重要。"

3. 构建对话框架

- 开场白：开始对话时简短介绍自己的意图和期待。

- 结构化沟通：保持对话的逻辑性和条理性，确保双方都能够理解彼此。
- 总结要点：结束对话时总结讨论的重点和下一步行动。

提高情商的有效训练途径

1. 自我观察与反思
- 日记记录：每天记录自己的情绪变化及触发因素，分析情绪背后的原因。
- 情绪标签：给每种情绪贴上标签，比如"焦虑""沮丧"，帮助自己更好地认识情绪。
2. 情绪管理训练
- 呼吸练习：学习深呼吸等放松技巧，帮助自己在紧张时刻保持冷静。
- 正念冥想：练习正念冥想，提高自我觉察能力，更好地处理负面情绪。
- 情绪调节策略：发展积极的情绪调节策略，比如进行体育活动、听音乐等。
3. 人际交往技能提升
- 角色扮演：通过角色扮演练习不同情境的应对策略。
- 模拟情景：设定特定的沟通场景，练习如何在压力下保持冷静。
- 反馈循环：定期向信任的朋友或同事征求反馈，了解自己的表现。

建立客户信任的高效方法

1. 展现专业性
- 知识储备：不断提升自己的专业技能和行业知识。
- 案例分享：分享过去的成功案例，展示你的经验和成果。
- 定期教育：通过社交媒体（微信朋友圈、微博、抖音、小红书）等渠道分享有价值的信息。
2. 建立个人品牌
- 一致的形象：保持一致的专业形象，无论是线上还是线下。
- 口碑营销：积极收集客户的正面评价，并公开分享。
- 服务透明：对于服务流程和收费标准保持透明，避免产生隐藏费用。
3. 建立长期关系
- 个性化服务：了解每位客户的特点，提供个性化的服务。
- 定期跟进：定期主动联系客户，询问他们的需求和反馈。
- 超出预期：努力超越客户的期望，为他们创造额外的价值。

通过不断实践和反思，你会逐渐发现自己在沟通技巧和情商方面有了显著的进步。希望这些建议能帮助你在职场上更加游刃有余！

AI 大模型借助自然语言处理和机器学习，能够为用户解决深层次的情感问题并提供方法辅导，如信任建立、情感调节、情商训练、情感表达等。

5.2 智能伙伴

运用大数据分析技术、机器学习和推荐算法，大模型可以在深入了解用户生活习惯与偏好的基础上，从健康、运动、阅读、旅行等生活领域入手，提供科学、合理的规划和建议，让用户享受更加智能、舒适和便捷的体验。

【应用场景 1】健康向导

案例 5-3：营养餐单设计

案例背景： 小李，30 岁，男性，身高 180cm，体重 75kg，日常活动量中等，是一名忙碌的上班族。他倾向于低糖、高蛋白的饮食，对海鲜过敏，希望得到一份一周的营养餐单，以保证他在忙碌的工作中仍能维持健康的饮食习惯，获取均衡的营养而不摄入过多热量。

任务要求： 利用任意大模型工具，设计一份符合小李个人需求的一周营养餐单，包括早、中、晚餐以及两次小食，确保营养均衡且美味。

指令设计

【要点 1】 基本信息输入：向大模型提供小李的基本信息，包括性别、年龄、身高、体重、活动水平和特殊饮食需求等信息。

【要点 2】 角色定位：向大模型明确其角色为一名营养师，具备设计个性化饮食计划的能力。

【要点 3】 需求提炼：围绕业务场景，向大模型表述"个性化""营养均衡""健康""美味"等关键词。

【要点 4】 输出设定：要求大模型基于小李的实际情况，设计一份包含早、中、晚三餐及两次小食的一周营养餐单，同时考虑食材的多样性和口味。

【要点 5】 输出优化：根据大模型提供的初步方案，结合目标需求向大模型下达进一步优化后的问题指令。

参考指令与生成

【基本指令】 你好，小李 30 岁，男性，身高 180cm，体重 75kg，日常活动量中等，是一名忙碌的上班族。他倾向于低糖、高蛋白的饮食，对海鲜过敏，请为他设计一份一周的营养餐单。

【AI 生成】

星期一

早餐：燕麦粥（少量蜂蜜调味）+煮鸡蛋 2 个+西红柿切片

午餐：烤鸡胸肉（无皮）+糙米饭+清炒菠菜+黄瓜拌豆腐

晚餐：瘦牛肉炒彩椒+红薯+豆腐汤

星期二

早餐：全麦面包 2 片+煮鸡蛋 1 个+牛奶（低脂）+水果沙拉

午餐：豆腐烧蘑菇+糙米饭+清炒西兰花

晚餐：烤羊排（少油）+玉米粒+蔬菜沙拉（橄榄油醋汁）

星期三

......

星期日

早餐：坚果酸奶+全麦松饼+橙汁

午餐：烤羊腿肉+糙米饭+炒四季豆+西红柿蛋花汤

晚餐：豆腐烧肉+红薯+素食沙拉

每餐之间可以适量吃些低糖水果或坚果作为零食，保持水分摄入，每天至少喝 8 杯水。同时，鼓励小李保持适量运动，以促进身体健康。

【优化指令 1】你好，你现在扮演的角色是一名专业的营养师，具有丰富的食品搭配经验。你能根据用户个性化需求定制餐单，确保营养均衡且美味。小李是一名 30 岁的男性，身高 180cm，体重 75kg，日常活动量中等，是一名忙碌的上班族。他倾向于低糖、高蛋白的饮食，对海鲜过敏。他希望能够按照他的个性化需要，考虑食材的多样性和口味特点，设计健康、美味、营养均衡的一周饮食计划。要求计划周期为一周，包含早、中、晚三餐及两次小食，同时附加每顿餐食的卡路里数量。

【AI 生成】

星期一

早餐：燕麦粥（30g 燕麦）+煮鸡蛋 2 个+蓝莓一小碗

卡路里：约 350 千卡

上午小食：一把杏仁（约 23g）

卡路里：约 170 千卡

午餐：烤鸡胸肉（150g）+糙米饭（50g）+清炒西兰花+黄瓜拌豆腐

卡路里：约 560 千卡

下午小食：低脂酸奶（200g）+小苹果 1 个

卡路里：约 200 千卡

晚餐：瘦牛肉炒彩椒+红薯（中等大小）+豆腐汤

卡路里：约 590 千卡

星期二

早餐：全麦吐司 2 片+煮鸡蛋 2 个+橙子 1 个

卡路里：约 400 千卡

上午小食：一把核桃（约 7 颗）

卡路里：约 190 千卡

午餐：瘦猪肉炒芦笋+糙米饭（50g）+番茄鸡蛋汤

卡路里：约 550 千卡

下午小食：低糖酸奶（200g）+小胡萝卜棒

卡路里：约 180 千卡

晚餐：烤火鸡肉片+全麦馒头+炒菠菜+豆腐海带汤（无海鲜）

卡路里：约 600 千卡

星期三

......

星期日

早餐：全麦香蕉面包+煮鸡蛋+草莓奶昔（低糖）

卡路里：约 430 千卡

上午小食：一小把无盐坚果+一个橙子

卡路里：约 200 千卡

午餐：瘦牛肉炒蘑菇+糙米饭+炒菠菜+豆腐胡萝卜汤

卡路里：约 600 千卡

下午小食：一小份天然酸奶+少许蜂蜜+水果切片

卡路里：约 220 千卡

晚餐：烤鸭胸肉沙拉（生菜、番茄、黄瓜）+糙米饭+豆腐味噌汤

卡路里：约 550 千卡

【优化指令 2】在上述指令的基础上，调整卡路里摄入量，确保工作日的热量略高于休息日，以匹配每日活动水平。工作日的晚餐可以稍微增加一些复合碳水化合物，而休息日可以侧重于蛋白质和蔬菜。同时，周计划请以表格的形式列示。

【AI 生成】

明白了，根据您的要求，我将为小李先生制订一份一周的饮食计划，考虑到营养均衡、低糖、高蛋白的需求，同时根据工作日与休息日的活动水平调整热量摄入，并避免海鲜。以下是一周的饮食计划概览表格，包括每餐的简述和大致卡路里范围。

时间	周一	周二	……	周日
早餐	燕麦 50g（约 180 千卡）+水煮蛋 2 个（约 140 千卡）+蓝莓 100g（约 50 千卡）总计：约 370 千卡	全麦吐司 2 片（约 240 千卡）+鸡蛋 1 个（约 70 千卡）+橙子 1 个（约 60 千卡）总计：约 370 千卡	……	全麦香蕉面包 2 片（约 240 千卡）+煮蛋 1 个（约 70 千卡）+坚果 30g（约 180 千卡）总计：约 490 千卡
上午小食	杏仁一小把（约 23g，约 170 千卡）	苹果 1 个（约 95 千卡）+低脂奶酪 30g（约 60 千卡）总计：约 155 千卡	……	新鲜水果 1 份（约 100g，约 50 千卡）
午餐	烤鸡胸肉 150g（约 200 千卡）+糙米饭 100g（约 120 千卡）+清炒西兰花 200g（约 50 千卡）总计：约 370 千卡	瘦猪肉 100g（约 150 千卡）+芦笋 150g（约 30 千卡）+糙米饭 100g（约 120 千卡）总计：约 300 千卡	……	瘦牛肉 100g（约 200 千卡）+蘑菇 200g（约 30 千卡）+糙米饭 100g（约 120 千卡）+菜花汤 总计：约 350 千卡
下午小食	低脂酸奶 200g（约 100 千卡）+小苹果 1 个（约 95 千卡）总计：约 195 千卡	低糖豆浆 200mL（约 90 千卡）+小胡萝卜几根（约 30 千卡）总计：约 120 千卡	……	天然酸奶 200g（约 100 千卡）+蜂蜜 1 茶匙（约 20 千卡）+水果切片（约 50 千卡）总计：约 170 千卡
晚餐	瘦牛肉 100g（约 200 千卡）+彩椒 200g（约 30 千卡）+糙米饭 100g（约 120 千卡）+红薯 150g（约 100 千卡）总计：约 450 千卡	烤火鸡肉片 100g（约 130 千卡）+全麦馒头 1 个（约 150 千卡）+炒菠菜 200g（约 30 千卡）总计：约 310 千卡	……	烤鸭胸肉沙拉（鸭胸 100g 约 180 千卡+生菜 100g 约 10 千卡）总计：约 190 千卡

案例 5-4：运动计划设定

案例背景：小张，32 岁，身高 175cm，体重 90kg，工作时经常久坐，每周只有少量运动，偶尔散步。体脂率为 35%，无法连续完成 15 个标准俯卧撑。他希望通过科学控制饮食和加强运动来减肥，目标是在接下来的四个月内减掉 10kg。小张希望 AI 能够根据他的个人情况，设计一个为期 4 个月的个性化减肥运动计划，达到减重 10kg 的目标，同时增强体质和心肺功能，计划应包括不同类型的运动，如有氧运动、力量训练和灵活性训练。

任务要求：利用任意大模型工具，设计一份符合小张个人需求的运动训练计划，为期4 个月，并提供饮食建议。

指令设计

【要点 1】基本信息输入：向大模型提供小张的基本信息和诉求。

【要点 2】角色定位：向大模型明确其角色为一名专业的健身教练，具备设计个性化运动计划的专业知识。

【要点 3】需求提炼：围绕业务场景，向大模型表述"个性化""减重""4 个月"和"不同类型"等关键词。

【要点 4】输出设定：向大模型陈述要获得哪些方面的帮助，比如设计一个包含每周运动次数、类型和持续时间的个性化运动计划，同时考虑小张的体能水平和工作日程。

【要点 5】输出优化：根据大模型提供的初步方案，结合目标需求向大模型下达进一步优化后的问题指令。

参考指令与生成

【基本指令】你好，小张 32 岁，体重 90kg，身高 175cm，久坐工作，每天走路 5 000步左右。体脂率 35%，无法连续完成 15 个标准俯卧撑。他想在接下来的 4 个月内减掉10kg，请帮他设计一个符合身体状况的减肥运动计划，最好包含多种运动类型，同时提供饮食建议。

【AI 生成】

你好，小张！考虑到你的目标是在 4 个月内健康地减掉 10kg，结合你的身体状况和生活方式，以下是一个综合性的减肥运动与饮食计划。请注意，在开始任何新的健身或饮食计划前，最好先咨询医生或专业人士以确保安全。

1. 有氧运动

快走：每天至少增加到 10 000 步（约 8km），逐渐适应后可以尝试慢跑。

游泳：每周 2～3 次，每次 30～45 分钟，游泳是低冲击力运动，适合减脂。

骑自行车：每周 2 次，每次 45 分钟，平路骑行，逐渐增加难度。

2. 力量训练

开始时，可以从自重训练开始，如深蹲、平板支撑、半俯卧撑等。

每周进行 3 次全身力量训练，每次 30～45 分钟，包括上身、下身和核心肌群。

随着力量提升，可以引入哑铃或弹力带增加难度。

3. 柔韧性与恢复

每天进行 10～15 分钟的拉伸和瑜伽，帮助肌肉放松，减少受伤风险。

饮食建议：

1. 均衡膳食

确保每餐都有蛋白质来源（鸡肉、鱼、豆类）、复合碳水化合物（全谷物、蔬菜）和健康脂肪（坚果、牛油果）。

控制饮食中的糖分和加工食品摄入量。

2. 控制热量

计算你每日维持体重所需的热量，并在此基础上每天减少 500 千卡。

3. 定时进食

尝试每隔 3～4 小时吃一小餐，避免长时间饥饿导致暴饮暴食。

4. 水分补充

每天至少喝 2 升水，保持充足水分。

5. 监测进展

使用食物日记或应用程序来跟踪你的饮食和运动，这有助于你了解自己的进步和可能需要调整的地方。

注意事项：

- 开始时，运动强度和频率应逐渐增加，避免过度劳累。
- 确保充足的休息和睡眠，这对恢复体力和长期坚持非常重要。
- 监测身体健康状况，如果感到不适，应立即停止活动并寻求专业意见。

请根据自身感受和健康状况适时调整计划，祝你减肥成功！

【优化指令】请忽略前述提问。你好，请明确你将扮演的角色是一名健身教练，具备设计个性化运动计划的专业知识。你将为小张制订一份专业的运动计划，确保它既有效又安全。小张是一个 32 岁的男性，体重 90kg，身高 175cm，每天 8：00—18：00 工作，工作需要久坐，每天走路 5 000 步左右。体脂率 35%，目前无法连续完成 15 个标准俯卧撑。请根据小张的体能水平和时间安排，帮他设计一个 4 个月内减重 10kg 的运动计划，计划应包含有氧、力量和灵活性训练多种类型，同时提供饮食建议。计划周期 4 个月，采用渐进式设计，随着体能改善，逐步增加运动的难度和强度，同时调整运动类型，以避免进入平台期。

【AI 生成】

作为一名专业的健身教练，我将为小张设计一个全面且渐进式的运动计划，旨在 4 个月内帮助他减重 10kg。我们将从他的体能水平出发，通过有氧、力量和灵活性训练的组合，逐步提高运动难度和强度，以确保效果最大化，同时避免进入平台期。

第一阶段：适应期（第 1～4 周）

目标：提高心肺功能，增强肌肉耐力，建立运动习惯。

有氧运动：每天增加步行至 7 500 步，每周至少两天进行轻度有氧运动，如快走（30 分钟）或室内自行车（20～30 分钟）。

力量训练：每周两次全身力量训练，重点是自重训练，包括墙式俯卧撑、半蹲、桥式等，每个动作做 2 组，每组 10～12 次。

灵活性训练：每天进行 10 分钟的拉伸和基本瑜伽姿势，以提高柔韧性和减少肌肉紧张。

第二阶段：强化期（第 5～8 周）

目标：进一步提高心肺功能，增加肌肉力量。

有氧运动：增加步行至 10 000 步，加入间歇性有氧运动，如高强度间歇训练，每周两次，每次 20 分钟。

力量训练：增加到每周 3 次，引入轻重量的哑铃或杠铃，增加每个动作的组数到 3 组，每组 8～12 次。

灵活性训练：继续每日拉伸，可加入瑜伽流派的动态练习，以增强核心稳定性和平衡能力。

第三阶段：优化期（第 9～12 周）

目标：持续提升体能，优化身体线条。

有氧运动：维持或增加有氧运动强度，尝试更多样化的有氧活动，如游泳或跳绳，以防止适应性停滞。

力量训练：增加到每周 4 次，使用更重的负重，每组重复次数降至 6～8 次，以促进肌肉生长。

灵活性训练：增加到每次 15 分钟，专注于深层肌肉的拉伸和放松。

第四阶段：巩固期（第 13～16 周）

目标：巩固成果，维持体能状态。

有氧运动：保持之前的运动量，但可以引入户外活动，如远足或骑行，以保持兴趣和挑战。

力量训练：维持每周 4 次，增加复杂多关节的动作，如深蹲推举，以提高全身协调性和力量。

灵活性训练：继续进行，强调恢复和预防运动伤害。

饮食建议

热量控制：计算每日所需基础代谢率，在此基础上减少 300～500 千卡，确保营养均衡。

高蛋白饮食：每餐包含优质蛋白质，有助于肌肉修复和增长。

低 GI（血糖生成指数）碳水化合物：选择如燕麦、糙米等低 GI 食物，避免大量进食精制碳水化合物。

充足水分：每天至少喝 2 升水，运动前后补充。

定时进食：每日三餐加两顿健康零食，避免饥饿导致暴饮暴食。

请记得，安全和可持续性是关键，避免过度训练。如有必要，可适当调整计划以适应个人情况变化。在整个过程中，监测体能和体重变化，适时调整计划，确保持续进步。

指令优化后，大模型分训练阶段给出了渐进式的训练计划，更符合人体锻炼减肥规律，更有针对性，科学且易于坚持。

【应用场景 2】采购推荐

案例 5-5：手机购买推荐

案例背景： 小林，一位科技爱好者，计划在即将到来的"双 11"购物节期间购买一部新手机。小林希望手机拥有优秀的摄影功能、良好的游戏性能，并且能够支持 5G 网络技术。此外，小林还比较关注手机电池的续航能力和防水防尘性能。他的预算是人民币 5 000 元左右，希望 AI 能够根据他的需求和预算，推荐几款性价比高的手机，并提供购买建议。

任务要求： 根据小林的个人需求和预算范围，推荐几款适合的智能手机，并提供购买的最佳时机和渠道建议。

指令设计

【要点 1】 基本信息输入：向大模型提供小林对于手机的性能需求，包括摄影、游戏、5G 支持、电池续航和防水防尘等级，以及预算上限。

【要点 2】 角色定位：向大模型明确其角色为一名专业的手机采购顾问，具备最新手机市场动态和产品性能的专业知识。

【要点 3】 需求提炼：围绕业务场景，向大模型表述"摄影功能""游戏性能""5G""电池续航""防水防尘"和"预算 5 000 元"等关键词。

【要点 4】 输出设定：向大模型陈述要获得哪些方面的帮助，如推荐几款符合小林需求的智能手机，并指出购买的最佳时机和渠道。

【要点 5】 输出优化：根据大模型提供的初步推荐，结合小林的个人偏好和市场变化，向大模型下达进一步优化推荐列表的问题指令。

参考指令与生成

【基本指令】 小林计划在"双 11"购物节期间购买一部智能手机，预算上限为 5 000 元人民币。请扮演一名专业的手机采购顾问，运用你对手机市场的深入理解和产品性能的专业知识，推荐五款在摄影、游戏性能和 5G 支持方面表现出色，且具有良好的电池续航能力和较高防水防尘等级的国产品牌智能手机，给出技术参数，并说明在"双 11"期间购买的最佳时机和渠道，以获取最优价格。

【AI 生成】

根据您的需求，我会推荐几款在摄影、游戏性能、5G 支持、电池续航和防水防尘等级方面表现出色的国产品牌智能手机，它们的价位都在 5 000 元人民币左右。以下是几款推荐机型及其技术参数。

1. 荣耀 Magic5 Pro

    处理器：骁龙 8 Gen 2

    内存：LPDDR5X

屏幕：6.81 英寸四曲面 OLED，2848×1312 分辨率，120Hz 刷新率，支持 HDR10+

电池：5 100mAh，支持快充

防水防尘：具有 IP68 等级

摄影：三摄系统，包括主摄、超广角和潜望长焦镜头

2. 小米 14 Pro

处理器：骁龙 8 Gen 3

内存：LPDDR5X

屏幕：6.73 英寸 2K AMOLED 屏幕，120Hz 刷新率，支持 HDR 10+

电池：4 880mAh，支持快充

防水防尘：具有 IP68 等级

摄影：旗舰级相机系统，多摄像头配置，支持各种拍摄模式

3. OPPO Find X6 Pro

处理器：骁龙 8 Gen 2

内存：LPDDR5X

屏幕：6.82 英寸 2K AMOLED 屏幕，120Hz 刷新率，支持 HDR10+

电池：5 000mAh，支持快充

防水防尘：具有 IP68 等级

摄影：哈苏合作的旗舰级相机系统，夜景模式，超广角和长焦镜头

4. vivo X90 Pro

处理器：天玑 9 200

内存：LPDDR5X

屏幕：6.78 英寸 AMOLED，120Hz 刷新率，支持 HDR10+

电池：4 870mAh，支持快充

防水防尘：具有 IP68 等级

摄影：后置蔡司认证三摄系统，包括主摄、超广角和长焦镜头

5. Redmi K60 Pro

处理器：骁龙 8 Gen 2

内存：LPDDR5X

屏幕：6.67 英寸 AMOLED，120Hz 刷新率，支持 HDR10+

电池：5 000mAh，支持 120W 快充

防水防尘：可能不具备专业防水防尘等级，日常轻度防水

摄影：三摄系统，包括主摄、超广角和微距镜头

"双 11"购物节购买建议

最佳渠道："双 11"期间，电商平台如天猫、京东、苏宁易购等通常会有大幅度的促销活动，建议在这些平台购买。

最佳时机："双 11"当天（11 月 11 日）通常是价格最低的时候，但提前关注预售活动也很重要，有些商品会在预售期就开始打折，预付定金还可以享受额外优惠。

注意事项：参与预售活动，关注店铺优惠券、满减活动、银行信用卡优惠等叠加使用，可以进一步降低购买成本。

物流考虑："双 11"订单量巨大，建议尽早下单以避免物流高峰，确保及时收货。

请根据自己的具体需求和偏好，对比上述机型的详细参数和评测，最终选择最适合您的一款。在"双 11"期间密切关注各电商平台的活动，以抓住最佳购买时机。

【优化指令】品牌倾向小米和 vivo，请根据市场上的最新优惠信息，确保推荐的手机不仅满足需求，还能在预算内获得最大价值，推荐性价比最高的一款。

【AI 生成】

考虑到您的预算上限为 5 000 元人民币，以及对小米和 vivo 这两个品牌的偏好，同时要求手机在摄影、游戏性能、5G 支持、电池续航和防水防尘等方面有出色表现，我将从这两个品牌中挑选性价比最高的选项。

在 2024 年 7 月的时间点上，小米 14 Pro 和 vivo X90 Pro 是这两个品牌中高端且性价比突出的机型。然而，考虑到您特别提到的防水防尘、摄影功能以及游戏性能，vivo X90 Pro 在这些方面可能提供更为均衡的表现，尤其是在相机系统方面，vivo 与蔡司的合作通常能带来更为优秀的成像质量。

vivo X90 Pro 主要特点

处理器：天玑 9200，确保了强大的计算能力和游戏性能。

内存：LPDDR5X，提供流畅的多任务处理能力。

屏幕：6.78 英寸 AMOLED，120Hz 刷新率，HDR10+ 支持，提供出色的视觉体验。

电池：4 870mAh，支持快充，保证了较长的续航时间和快速充电能力。

防水防尘：具有 IP68 等级

摄影：蔡司认证的三摄系统，包括主摄、超广角和长焦镜头，适合追求高质量摄影体验的用户。

优惠信息

"双 11"期间，vivo X90 Pro 可能会推出以下优惠。

直降优惠：直接降价，这是最常见的促销方式。

优惠券：电商平台或 vivo 官方旗舰店可能提供额外的优惠券。

分期免息：部分电商平台提供免息分期付款服务。

赠品：购买时可能附送耳机、保护壳或其他配件。

最佳购买策略

关注预售："双 11"前的预售期，往往可以享受预付定金翻倍、优先发货等福利。

比价：比较各大电商平台的价格，注意是否可以叠加使用店铺优惠券和平台优惠券。

关注官方旗舰店：vivo 官方旗舰店通常会有更可靠的售后保障和更稳定的货源。

由于具体的优惠信息需要在"双 11"临近时才能确定，建议您在"双 11"前密切关注 vivo 官方旗舰店和主要电商平台的信息更新，以便抓住最佳购买时机，确保在预算内获得最大价值。如果 vivo X90 Pro 在"双 11"期间的价格能够控制在 5 000 元以内，那么它将是您理想的选择。

【应用场景 3】旅行助手

案例 5-6：旅行计划制订

案例背景： 小红是一名在英国求学的大学生，她计划在即将到来的暑假进行一次旅行，目的地是法国巴黎。由于这是她第一次去法国，她希望通过大模型的帮助来规划整个行程，包括机票、酒店预订以及游览景点的门票预订，确保旅程既充实又轻松。小红的出行日期是 2024 年 8 月 1 日至 8 月 7 日，预算大约为 5 000 欧元，她希望这次旅行能够体验到巴黎的文化精华。

任务要求： 规划一个 7 天 6 夜的巴黎自由行行程，这个行程应包括从英国伦敦出发至巴黎的往返机票预订、在巴黎的住宿安排，以及巴黎主要景点的门票预订。小红希望行程能够覆盖埃菲尔铁塔、卢浮宫、圣心大教堂和凡尔赛宫等必游景点，同时预留时间享受巴黎的街头咖啡文化。小红也表示，如果行程中有推荐的当地美食体验或特色活动，她愿意加入行程中。

指令设计

【要点 1】基本信息输入：向大模型提供小红的旅行时间、目的地和预算等基本信息。

【要点 2】角色定位：向大模型明确其角色为私人旅行行程规划师，能够帮助用户在线预订机票、酒店及门票，确保旅行无忧。

【要点 3】需求提炼，输出设定：围绕业务场景，向大模型描述关于"巴黎自由行""行程规划""机票预订""酒店预订""景点门票预订"的关键信息及输出要求等。

【要点 4】输出优化：根据大模型提供的初步方案，结合目标需求向大模型下达进一步优化后的问题指令。

参考指令与生成

【基本指令】你好，请帮小红设计一个从英国伦敦到法国巴黎 7 天 6 夜的旅行行程安排，预算为 5 000 欧元。行程包括从英国伦敦出发至巴黎的往返机票预订、在巴黎的住宿安排，以及巴黎主要景点的门票预订。她希望行程能够覆盖埃菲尔铁塔、卢浮宫、圣心大教堂和凡尔赛宫等必游景点，同时预留时间享受巴黎的街头咖啡文化。如果行程中有推荐的当地美食体验或特色活动，她愿意加入行程中。

【AI 生成】

小红的巴黎之旅规划如下。

出行与住宿

出发与返回：8 月 1 日从伦敦希思罗机场出发，直飞巴黎夏尔·戴高乐机场；8 月 7 日从巴黎奥利机场返回伦敦。

机票预订：使用 Skyscanner 或 Expedia 搜索最优航班组合，选择早晚班机以充分利用在巴黎的时间。

住宿：选择位于巴黎市中心的精品酒店，如拉丁区或蒙马特尔高地，便于游览和体验当地生活。建议通过 Booking.com 或 Airbnb 提前预订。

景点门票与行程

埃菲尔铁塔：预订含电梯直达顶层的门票，避开排队。

卢浮宫：购买含导游讲解的门票，深入了解艺术作品。

圣心大教堂：无须预订，可参加音乐会。

凡尔赛宫：预订包含宫殿内部和花园的参观门票。

行程安排

第 1 天：抵达巴黎，入住酒店，傍晚漫步塞纳河畔，享用法式晚餐。

第 2 天：上午参观埃菲尔铁塔，午后前往卢浮宫，晚上在拉丁区体验传统法式餐厅。

第 3 天：参观圣心大教堂，蒙马特尔高地艺术家广场喝咖啡，傍晚香榭丽舍大道散步。

第 4 天：全天游览凡尔赛宫。

第 5 天：自由活动，推荐参观奥赛博物馆，午后左岸咖啡馆品尝下午茶。

第 6 天：参观巴黎圣母院（外部），乔治·蓬皮杜国家艺术中心欣赏现代艺术，晚上乘坐塞纳河游船。

第 7 天：逛跳蚤市场，寻找特色纪念品，下午收拾行李，返回伦敦。

特色活动

塞纳河游船：预订夜晚游船，欣赏灯光秀。

法式烹饪课程：学习制作经典法式菜肴。

预算管理

机票：预计 300 欧元。

住宿：约 900 欧元。

门票与餐饮：预算 2 000 欧元。

购物与杂费：剩余预算用于特色活动、购物及其他开销。

确保预留足够的现金或信用卡额度应对额外支出，并购买旅行保险以保障旅途安全。这份行程规划旨在让小红体验巴黎的文化精髓和美食，享受一次难忘的旅程。

【优化指令】假设您是小红专属的旅行规划师，请帮她设计一个从英国伦敦到法国巴黎 7 天 6 夜的旅行行程安排，总预算为 5 000 欧元。行程包括从英国伦敦出发至巴黎的往返机票预订、在巴黎的住宿安排，以及巴黎主要景点的门票预订，请说明预订方法和预算。她希望行程能够覆盖埃菲尔铁塔、卢浮宫、圣心大教堂和凡尔赛宫等必游景点，同时预留时间享受巴黎的街头咖啡文化。如果行程中有推荐的当地美食体验或特色活动，她也考虑加入行程中。请生成一份详细的规划文件，并说明每个景点的最佳游览时间。

【AI 生成】

为小红设计的 7 天 6 夜巴黎之行，不仅包含了著名景点，还将融入当地文化体验，力求在预算范围内创造难忘回忆。以下是详细的行程规划。

机票预订

出发：8 月 1 日，伦敦希思罗机场→巴黎夏尔·戴高乐机场。

返回：8 月 7 日，巴黎奥利机场→伦敦希思罗机场。

预订方式：使用 Skyscanner 或 Expedia 等平台，选择经济舱，尽量预订早晚班机，以便充分利用在巴黎的时间。预计花费约 300 欧元。

住宿安排

推荐区域：拉丁区或蒙马特尔高地，便于前往各大景点，体验地道巴黎生活。

预订方式：通过 Booking.com 或 Airbnb 预订，选择性价比高的精品酒店或公寓。预计花费约 900 欧元。

景点门票

埃菲尔铁塔：提前在线预订含电梯直达顶层的门票，避开排队，预计花费 30 欧元。

卢浮宫：购买含中文讲解的电子门票，深入了解艺术珍品，预计花费 20 欧元。

圣心大教堂：无须预订门票，可参加音乐会，免费入场。

凡尔赛宫：在线预订宫殿内部参观和花园游览的联票，预计花费 30 欧元。

行程安排

第 1 天：抵达巴黎，入住酒店，漫步塞纳河畔，体验巴黎街头咖啡文化。

第 2 天：上午参观埃菲尔铁塔，午后前往卢浮宫，晚上在拉丁区享受法式晚餐。

第 3 天：参观圣心大教堂，随后在蒙马特尔高地艺术家广场体验法式咖啡时光，傍晚香榭丽舍大道散步。

第 4 天：全天游览凡尔赛宫，体验皇家奢华。

第 5 天：自由活动，推荐参观奥赛博物馆或左岸咖啡馆品尝法式甜点。

第 6 天：参观巴黎圣母院（外观），午后在乔治·蓬皮杜国家艺术中心欣赏现代艺术，晚上乘坐塞纳河游船。

第 7 天：早餐后，逛逛跳蚤市场，寻找巴黎特色纪念品，下午收拾行李，返回伦敦。

特色活动

塞纳河游船：预订夜晚游船，欣赏巴黎的灯光秀，预计花费 20 欧元。

法式烹饪课程：在巴黎的烹饪学校学习制作一道经典法式菜肴，预计花费 100 欧元。

预算管理

机票：300 欧元

住宿：900 欧元

门票与餐饮：预计花费约 1 500 欧元

特色活动：120 欧元

购物与杂费：剩余预算约 2 180 欧元，可用于购物及不可预见开销。

确保预留足够的现金或信用卡额度应对额外消费，同时购买旅行保险以保障旅途安全。希望这份行程规划能让小红享受一个难忘的巴黎之旅！

注意事项

景点最佳游览时间：埃菲尔铁塔建议早晨或黄昏时分，卢浮宫选非周末，圣心大教堂选清晨，凡尔赛宫避开周一和周末。

祝小红旅途愉快，收获满满！

◀ **提示** ▶

以上是大模型帮助小红生成的旅行规划，如果有不清楚的地方，还可以进一步提问，要求大模型给出详细讲解。在旅途中有突发问题需要咨询，也可以随时与大模型互动。

牛刀小试

请根据下列实训背景和任务要求设计提示词，完成大模型内容生成。

实训背景： 小丽是一位热爱探险的旅行者，她计划在今年冬季前往澳大利亚进行为期两个月的背包旅行。小丽深知独自背包旅行的风险，特别是在陌生的国家，因此她希望购买一份全面的旅行保险，以应对可能发生的健康问题、行李丢失、航班延误等情况。此外，小丽也希望了解在遇到紧急情况时，如何迅速联系到救援机构，并得到适当的帮助。

任务要求： 请求大模型扮演一名资深的旅行保险顾问，具备丰富的旅行保险产品知识和紧急援助信息。大模型需要根据小丽的旅行目的地（澳大利亚）、活动性质（背包旅行）和个人需求，推荐适合的旅行保险产品，并提供在遇到紧急情况时的联系方式和处理流程。同时，大模型应根据小丽的反馈，灵活调整保险产品的覆盖范围，以确保保险既全面又经济。

【应用场景4】阅读参谋

案例 5-7：偏好书籍推荐

案例背景： 小华是一位对文学、科幻和历史感兴趣的年轻读者。在过去的一年里，他已经完成了多部作品的阅读，包括《三体》（科幻）、《人类简史》（历史）和《百年孤独》（文学）。然而，小华最近感到有些迷茫，不知道接下来应该阅读哪类书籍。他希望通过 AI 个性化推荐来发现新的作者和主题，从而拓宽自己的阅读范围，同时也希望能保持与自己兴趣的联系。

任务要求： 小华希望大模型给他推荐 3 本符合自己阅读偏好的书。大模型能够理解他的品位，并提供针对性的建议，推荐的书籍应当在某种程度上挑战小华的现有兴趣，引入新颖的主题或风格。如果初次推荐不完全符合他的期望，大模型应当能够根据反馈进行调整，进一步优化推荐。

指令设计

【要点 1】基本信息输入： 向大模型提供小华的阅读偏好和过去一年的阅读列表，包括但不限于《三体》《人类简史》和《百年孤独》。

【要点 2】角色定位： 明确大模型的角色为阅读推荐顾问，能够根据个人兴趣和阅读历史推荐书籍。

【要点 3】需求提炼： 围绕案例背景，向大模型表述"个性化阅读推荐""兴趣""阅读历史"等关键词。

【要点 4】输出设定： 要求大模型推荐 3 本与小华以往阅读类型相似但又有所扩展的书籍。

【要点 5】输出优化： 根据大模型提供的初步方案，结合目标需求向大模型下达进一步优化后的问题指令。

参考指令与生成

【基本指令】 我是一位对文学、科幻和历史感兴趣的年轻读者。曾经读过《三体》《人类简史》和《百年孤独》等书籍。请根据我的偏好，为我推荐 3 本书。我想要探索更多类似的领域，也希望有所创新，接触到新的思想和风格。请列出书名、作者以及书籍的主要内容。

【AI 生成】

鉴于您对文学、科幻和历史的兴趣，以及您之前阅读过的《三体》《人类简史》和《百年孤独》，这里为您推荐 3 本既能扩展您的视野又能带来新颖体验的书。这些书将结合您喜欢的主题，同时引入一些新的元素和思考角度。

1.《黑暗森林》(*Dark Forest*)

作者：刘慈欣

主要内容：这是《三体》系列的第二部，延续了第一部宏大的宇宙观和深刻的哲学探讨。在《黑暗森林》中，人类社会面临着外星文明的威胁，必须在一个充满敌意的宇宙中寻找生存之道。书中深入讨论了宇宙中的生存法则，以及人类如何在未知和恐惧中寻找勇气和智慧。

2.《枪炮、病菌与钢铁：人类社会的命运》(*Guns, Germs, and Steel: The Fates of Human Societies*)

作者：贾里德·戴蒙德（Jared Diamond）

主要内容：这本书从历史的角度解释了为什么某些地区的人类社会比其他地区发展得更快、更强大。它涵盖了地理、生物学和环境因素对人类历史进程的影响，提供了对《人类简史》的补充和深化，尤其是对于历史发展的因果关系有独到的见解。

3.《看不见的城市》(*Invisible Cities*)

作者：伊塔洛·卡尔维诺（Italo Calvino）

主要内容：这是一部文学作品，通过马可·波罗向忽必烈大汗描述他所游历的虚构城市的故事，探讨了现实与想象、变化与永恒的主题。卡尔维诺用诗意的语言构建了一个个充满想象力的城市，它们不仅仅是地理上的存在，更是心灵的映射。这本书将激发您对文学和城市哲学的思考，同时也是一种创新的叙事风格的体验。

这些书不仅能够满足您对科幻、历史和文学的兴趣，而且它们各自从独特的角度出发，提供了对世界的新颖理解，符合您想要接触新思想和风格的愿望。

【优化指令】 忽略前面所有提问。假定您是我的阅读推荐顾问，能够根据个人兴趣和阅读历史推荐书籍。我是一位热爱阅读的读者，对科幻、历史和文学特别感兴趣。在过去的一年里，我已经读过《三体》《人类简史》和《百年孤独》。我希望您能为我推荐 3 本书，保证这些书在我当前的兴趣范围内并提供深度和广度上的扩展；同时，避免过于冷门或晦涩的作品，但也不要选择太流行以至于我可能已经知道的作品；这些书的作者最好来自不同的文化背景，以增加多样性。我期待您能帮助我建立一个既连贯又有启发性的阅读列表。

【AI 生成】

考虑到您对科幻、历史和文学的广泛兴趣，以及您已经读过《三体》《人类简史》和《百年孤独》这样的作品，以下是我为您精心挑选的 3 本书。这些书旨在扩展您现有的知识范围，同时引入新的视角和文化背景，确保既不冷僻也不过分流行。

1.《神们自己》(*The Gods Themselves*)

作者：艾萨克·阿西莫夫（Isaac Asimov）

简介：阿西莫夫是科幻界的大师，这本书是他"机器人系列"之外的一部独立作品，获得了雨果奖和星云奖。《神们自己》讲述了一个平行宇宙的故事，涉及能源危机、宇宙旅行以及不同生命形式之间的沟通和冲突。这部作品融合了硬科学与哲学思考，与《三体》相似，但又提供了全新的宇宙观和人性探索。

2.《万历十五年》(*1587, A Year of No Significance: The Ming Dynasty in Decline*)

作者：黄仁宇

简介：这是一部历史学著作，但它的写作风格和分析方法使其成为一部引人入胜的读物。黄仁宇通过描述明朝万历年间看似平凡的一年，揭示了帝国衰落的深层原因。这本书不仅提供了对历史事件的深刻洞察，还对政治、文化和权力结构进行了批判性分析，与《人类简史》一样，具有宏观的历史视角和深刻的思考。

3.《魔山》(*The Magic Mountain*)

作者：托马斯·曼（Thomas Mann）

简介：托马斯·曼是德国著名作家，《魔山》是他的代表作之一。故事发生在"一战"前夕瑞士阿尔卑斯山的一家疗养院，主人公汉斯·卡斯托普在这里参与了一系列有关哲学、艺术和文化的探讨，反映了当时欧洲的思想潮流。这本书结合了文学、哲学和心理学，其深度和复杂性可与《百年孤独》相媲美，但提供了另一种文化视角和叙事风格。

这些书不仅能够满足您对科幻、历史和文学的兴趣，而且它们跨越了不同的文化背景，提供了丰富的视角和深度，有助于您建立一个既连贯又有启发性的阅读列表。

> **提示**
>
> 大模型根据优化的提示词给出了新的推荐。如果对哪部分感兴趣或者有疑问，可以进一步与大模型进行沟通。

案例 5-8：阅读理解辅助

案例背景：小唐是一名大一学生，最近对中国古典文学非常感兴趣，尤其是四大名著之一的《红楼梦》。由于《红楼梦》的内容较为复杂，且具有深度，小唐发现仅凭自己的阅读难以全面领悟其精髓，于是她寻求大模型的帮助，希望能得到专业且深入的文学辅导，以更好地理解和总结《红楼梦》中的关键情节、人物关系及主题思想。

任务要求：小唐希望获得《红楼梦》的主要情节概览、重要人物关系图谱，以及关键主题分析，以帮助她深入理解这部经典名著。

指令设计

【要点 1】基本信息输入：说明小唐的身份和需求。

【要点 2】角色定位：明确大模型的角色为文学辅导老师，具备深度解读文学作品的能力。

【要点 3】需求提炼：分析任务需求，提炼关键词如"《红楼梦》""情节概览""人物关系""主题分析"。

【要点 4】输出设定：构建问题，要求大模型提供《红楼梦》的情节概览、人物关系和主题分析。

【要点 5】输出优化：根据大模型提供的初步方案，结合目标需求向大模型下达进一步优化后的问题指令。

参考指令与生成

【基本指令】我是一名大一学生，最近对中国古典文学非常感兴趣，但单凭个人阅读很难全面领悟文学巨作《红楼梦》的精髓。假设您是我的文学辅导老师，具备深度解读文学作品的能力。请帮我深刻总结《红楼梦》的关键情节、人物关系及主题思想。

【AI 生成】

为了帮助你更好地理解《红楼梦》，我将提供一份综合分析，涵盖关键情节、人物关系及主题思想。请注意，以下分析旨在帮助你把握作品的核心，但《红楼梦》是一部极其丰富和复杂的文学作品，值得你进一步深入研究和品味。

关键情节概览

《红楼梦》由曹雪芹创作，讲述了贾、史、王、薛四大家族的兴衰历程，尤其聚焦于贾府从繁荣到衰败的过程，以及贾宝玉与林黛玉、薛宝钗之间的情感纠葛。以下是一些关键情节。

贾府的辉煌与衰败：小说开篇展现了贾府的繁华景象，但随着故事的发展，贾府逐渐走向衰落，最终家道中落，反映了封建社会家族制度的脆弱性。

宝玉与黛玉的爱情：贾宝玉与表妹林黛玉之间的感情是小说的重要线索，他们的爱情故事充满了悲剧色彩，反映了个性解放与封建礼教之间的冲突。

宝玉与宝钗的婚姻：虽然宝玉内心深处爱着黛玉，但在家族安排下，他最终与薛宝钗结婚，这一转折揭示了个人意志在封建势力面前的无力感。

人物命运的起伏：小说中众多角色的命运跌宕起伏，如王熙凤的精明能干却结局凄凉，贾母的威严与慈爱，以及贾琏、王夫人等人的复杂性格和经历。

人物关系

《红楼梦》中的人物关系错综复杂，以下是一些主要人物及其关系。

贾宝玉：小说的主角，贾府的公子，性格叛逆，对封建礼教持批判态度，与林黛玉有着深厚的感情，后被迫与薛宝钗结婚。

林黛玉：宝玉的表妹，才情出众，性格敏感多愁，与宝玉有着纯真的爱情，但最终未能成婚，早逝。

薛宝钗：出身于富裕家庭，性格稳重，被贾府选为宝玉的妻子，象征着封建社会的理想女性形象。

王熙凤：贾府中的女强人，精明能干，善于处理家务事，但也有狠辣的一面。

主题思想

爱情与婚姻：小说通过对宝玉与黛玉、宝钗之间感情的描绘，探讨了爱情与婚姻的真谛，以及个人情感与社会规范之间的冲突。

家族与社会：通过贾府的兴衰，反映了封建社会的家族制度和官僚体系的腐朽，以及个人命运在大环境下的无奈。

人生哲理：《红楼梦》中融入了大量的诗词歌赋，展现了对人生、自然、宇宙的深刻思考，体现了作者对生命无常、世事变迁的感悟。

女性地位：小说中塑造了许多鲜明的女性形象，展现了女性在封建社会中的困境和挣扎，以及她们的智慧和力量。

通过以上分析，你可以更全面地理解《红楼梦》这部作品，但要真正领悟其精髓，还需结合原著的阅读，体会文字背后的细腻情感和深刻哲理。

【优化指令】忽略前述所有提问。我是一名大一学生，我对中国古典文学的理解不够深刻，单凭个人阅读很难全面领悟文学巨作《红楼梦》的精髓。假设您是我的文学辅导老师，具备深度解读文学作品的能力。请帮我深刻总结《红楼梦》的关键情节、人物关系及主题思想，同时指出重点阅读章节和要点、必备补充信息等。

【AI 生成】

《红楼梦》，又称《石头记》，是中国古代四大名著之一，由曹雪芹创作，后四十回一般认为是由高鹗续写完成。这部作品不仅是一部伟大的文学巨著，也是研究中国封建社会晚期历史、文化、哲学等多个领域的珍贵资料。以下是有关《红楼梦》的关键情节、人物关系、主题思想、重点阅读章节。

关键情节概览

《红楼梦》由曹雪芹创作，讲述了贾、史、王、薛四大家族的兴衰历程，尤其聚焦于贾府从繁荣到衰败的过程，以及贾宝玉与林黛玉、薛宝钗之间的情感纠葛。以下是一些关键情节。

（1）开篇神话：以女娲补天遗石的神话为引子，寓言式地预示了贾府的兴衰与人物的命运。

（2）贾府的兴衰：从贾府的鼎盛时期到逐渐衰败的过程，反映了封建家族制度的局限性和社会变革的必然性。

（3）宝黛爱情：贾宝玉与林黛玉之间的纯洁爱情，以及他们与封建礼教的冲突，体现了个性解放与传统束缚的主题。

（4）宝钗婚姻：贾宝玉与薛宝钗的婚姻，象征着封建社会的婚姻观念和个人情感的牺牲。

（5）人物命运：众多人物的命运起伏，如王熙凤的精明与悲剧，贾母的权威与慈祥，贾政的保守与无奈，展现了封建社会的众生相。

人物关系

贾宝玉：小说的中心人物，性格叛逆，追求自由与真情，与林黛玉、薛宝钗之间的情感纠葛是全书主线。

林黛玉：才华横溢，情感细腻，与贾宝玉的爱情充满了悲剧色彩，是封建礼教压迫下的典型女性形象。

薛宝钗：性格温婉，符合封建社会对女性的期待，与贾宝玉的婚姻体现了家族利益高于个人幸福的社会现实。

王熙凤：精明能干，掌控贾府内务，她的命运也反映了女性在封建社会中的复杂角色。

主题思想

爱情与婚姻：探讨了个人情感与封建礼教的冲突，表达了对真爱的渴望和对婚姻自主权的呼唤。

家族与社会：揭示了封建家族制度的矛盾与衰落，以及社会变革的必然趋势。

人性与命运：通过对人物命运的描写，展现了人性的复杂性，以及个人命运在社会历史大潮中的渺小与无奈。

文学与哲学：《红楼梦》中蕴含了丰富的诗词歌赋，展示了中国古代文学的魅力，同时也融入了道家、儒家、佛家等多种哲学思想。

重点阅读章节

第一回到第十回：介绍贾府的背景和主要人物，为后续情节奠定基础。

第三十回到第四十回：宝黛情感发展的重要阶段，包括葬花吟等经典场景。

第七十回到第八十回：贾府开始衰败的迹象，人物命运的转折点。

第一百零一回到第一百二十回：贾府彻底衰败，人物结局的展现。

训练提升 »»»»»»»»»»»

毕业旅行设计

实训背景： 小智和三名建筑系即将毕业的大四学生，计划在暑期七月下旬，利用七天六晚的时间，从北京出发，前往成都和重庆两个城市进行一次有意义的毕业旅行。此次旅行的主要目的不仅是了解两座城市的历史文化和自然景观，还要深入感受当地的风土人情，领略独特的川渝建筑特色。为此，他们准备了每人 5 000 元人民币的旅行预算。

视频资料

旅行计划制订

任务描述： 请利用任意大模型工具撰写一份旅行计划，以 Excel 表格的形式列示行程安排、景点介绍、美食推荐、费用预算等信息；同时，生成一份旅游计划的提示词模板。

指令要点：

（1）明确身份信息。为了让大模型更好地匹配回答内容，需要向大模型明确其代表的角色身份和相关背景信息。【指令 1】

（2）分析任务需求。在发布指令之前，需要通过关键词提炼，明晰任务目标、出行时间、出行预算、出行人数、出发地及目的地、出游需求等信息。这些分析有助于大模型快速定位任务的核心，更好地贴合用户需求。【指令 2】

（3）构建有效问题。根据需求分析的结果，构建具体详细的问题表述，包括但不限于行程安排、景点介绍、游玩项目、美食推荐、费用预算、输出形式等核心要素，以便大模型能够针对这些信息提供更准确、更有针对性的回答。【指令 3】

（4）持续优化。在指令依次发布的过程中，需要根据大模型的回答结果不断优化答案。这可能包括修改指令、补充信息、调整表达方式等，以确保回答更好地理解和满足用户需求，提高答案质量和实用性。【指令 4】

（5）设置参考模板。为了让大模型更好地理解文案撰写要求，可以提供一些参考模板。这些模板可以是关键词摘要、参考提问方式等，以便大模型更好地模仿和学习，提高回答质量。

第6章　学海导航员：智慧学伴

学习目标 ▼

【知识目标】
- 理解 AI 大模型的工作原理
- 掌握在学习与就业场景下提示词的设计技巧

【能力目标】
- 能够引导多种 AI 大模型工具在专业选择、口语训练、作业检查、考试模拟、职业规划及面试模拟等方面提供个性化服务

【素养目标】
- 诚实守信，尊重原创，重视知识产权
- 培养批判性思维，养成对大模型生成内容进行独立验证、理性吸纳的习惯

内容框架 ▼

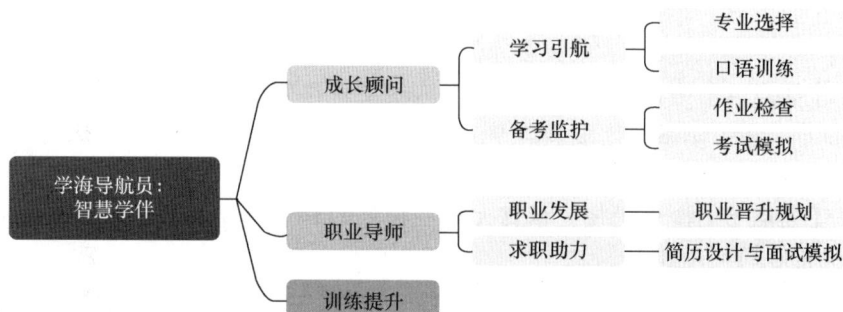

本章导读 ▼

　　想象一下，当你正为选择职业方向、提升职业技能、规划职业发展等问题感到迷茫和困惑时，只需轻轻一点，AI 大模型就能为你提供科学的职业规划建议。它不仅会告诉你该怎么做，还会根据你的个人情况、职业目标，为你量身定制一套职业规划方案。这样的职业规划体验，是不是听起来就让人充满期待？

　　是的，在职业规划领域，AI 大模型正在成为一个潜力无限的"超级智囊"。本章就来探索 AI 大模型在个人学习成长和求职就业方面的深度应用。

6.1　成长顾问　▼

　　在学习成长方面，AI 大模型能够提供个性化、数据驱动的建议和指导，帮助个人识别自身优势、兴趣和职业目标，为个人的继续教育、职业发展和技能提升提供科学、客观的决策支持，从而促进个人在职业道路上的持续成长。

【应用场景1】学习引航

案例 6-1：专业选择

案例背景：吴月是一名大一新生，18 岁，主修市场调查专业。她积极向上，对学习充满热情，尤其喜欢数学类课程。她希望能够充分利用大学时光，在本科学习期间再修一个学位，以增加自己的竞争力并拓宽未来的就业选择。吴月不了解大学修读双学位的政策，对在什么时间，以及选择哪个第二学位感到迷茫。她希望找到一个既能与她的主修专业相辅相成、发展前景广阔，又能激发个人兴趣的第二专业。

任务要求：选择任意大模型工具，辅助吴月解决第二专业选修决策问题。

指令设计

【要点1】基本信息输入：向大模型提供吴月的基本信息，包括身份、性别、年龄、学习兴趣等信息。

【要点2】角色定位：向大模型明确其角色为资深学习导师，具备丰富的教育咨询经验，能够提供专业选择建议、课程规划指导以及有效的学习方法。

【要点3】需求提炼：围绕业务场景，向大模型表述"市场调查专业""数学兴趣""第二学位""专业选择""政策要求""最佳选修时间"等关键词。

【要点4】输出设定：向大模型陈述要获得哪些方面的帮助，例如提供适合吴月的专业推荐、相关课程、选修第二专业的政策要求、最佳选修时间以及选修第二学位的注意事项等。

【要点5】输出优化：根据大模型提供的初步方案，结合目标需求向大模型下达进一步优化后的问题指令。

参考指令与生成

【基本指令1】您是我的专属学习顾问，作为资深学习导师，您具备丰富的教育咨询经验，熟悉政策，能够根据个人特征和偏好提供有关第二专业选择的有效建议。请回答"是"，并保持静默状态以示确认。

【AI 生成1】是。

【基本指令2】我是一名大一女生，18 岁，主修市场调查专业。我积极向上，对学习充满热情，尤其喜欢数学类课程。我希望能够充分利用大学时光，在本科学习期间再修一个学位，以增加自己的竞争力并拓宽未来的就业选择。希望您对当前本科院校修读双学位的基本政策要求、最佳申报时间，以及选报第二专业应注意的事项进行说明。

【AI 生成2】

对于你的情况，修读双学位是一个很好的增强未来就业竞争力的选择。不同学校的具体政策可能会有所不同，但一般来说，以下是一些基本的指导原则。

基本政策要求

（1）资格条件：大多数学校会要求学生在主修专业中表现出良好的学习成绩，通常

GPA（Grade Point Average，平均学分绩点）需达到一定的标准。

（2）申请时间：通常情况下，学生会在大一或大二期间提出申请，因为这样可以确保有足够的时间完成两个专业的学习要求。

（3）课程重叠：一些学校允许两个专业之间的课程有一定重叠，但具体哪些课程可以共享则由相关院系决定。

（4）学费：双学位项目可能需要支付额外的学费，具体数额取决于学校的政策。

最佳申报时间

一般推荐在大一下学期或大二上学期提出申请，这样可以尽早开始规划和安排课程，确保能够在预期时间内完成所有要求。

选报第二专业应注意的事项

（1）兴趣与职业规划：选择一个你真正感兴趣并且对未来职业规划有帮助的专业。

（2）课程负荷：评估自己的学习能力和时间管理能力，确保能够同时应对两个专业的学业压力。

（3）课程安排：提前查看第二专业的课程设置，确保这些课程与你的主修课程没有冲突，并且能够合理安排。

（4）学分要求：了解第二专业的学分要求，以及是否有一些课程可以与主修专业共用。

（5）资源利用：考虑学校提供的资源和支持服务，比如辅导中心、图书馆等，以帮助你更好地完成学业。

（6）咨询指导老师：与你的学术顾问或指导老师讨论你的计划，他们可以提供宝贵的建议和帮助。

由于你特别提到自己喜欢数学类课程，如果你的主修市场调查专业已经包含了一些定量分析方面的课程，你可以考虑选择与数学紧密相关的专业，如经济学、统计学或者应用数学等。这些专业不仅能够与你的主修专业互补，还能进一步提高你在数据分析方面的能力，这对于市场调查领域的职业发展非常有利。

最后，请务必查阅你所在学校的官方指南或直接咨询教务处获取最准确的信息。

【基本指令 3】下面您要根据我的情况帮我选择专业。对于专业选择用到的个人信息，您可以一次性向我提问。最终推荐两个新兴的、发展前景广阔且比较适合我的专业，再对两个专业的学习内容和未来前景进行对比。

【AI 生成 3】

当然可以帮助你选择专业。为了更好地为你提供建议，我需要了解一些关于你的个人信息和偏好。请回答以下问题：

（1）你目前所在的大学提供的双学位或辅修选项有哪些？（这将帮助我们了解哪些专业是可以选择的。）

（2）你的数学能力如何？（你提到你喜欢数学类课程，但具体的数学能力等级如何？）

（3）除了数学之外，你还对哪些科目感兴趣？（例如计算机科学、统计学、经济学或其他任何科目。）

（4）你对哪些行业或职业感兴趣？（例如数据分析、金融科技、市场营销等。）

（5）你是否考虑过将来继续深造，如攻读硕士或博士学位？（如果是，你计划在哪个领域进一步学习？）

（6）你对未来的职业生涯有什么具体的目标？（例如，你想在某个特定领域工作，或是想要创办自己的公司等。)

（7）你的个人特质和优势是什么？（例如，你是否擅长团队合作，是否擅长解决问题，是否拥有领导能力等。）

（8）你是否有任何特殊技能或爱好？（例如编程、设计、写作等。）

请回答以上问题，以便我可以为你提供更个性化的建议。

【模拟回复】（1）只要不是相同的专业类都可以；（2）没有等级；（3）统计学；（4）数据分析；（5）先就业；（6）想从事新兴有前景的领域，没有具体目标；（7）勤奋，善于钻研；（8）写作。

【AI 生成 4】

根据你提供的信息，我们可以考虑两个新兴且具有广阔发展前景的专业方向，它们既能与你的市场调查专业相结合，又能利用你在数学和统计学方面的兴趣，并且符合你对数据分析领域的偏好。以下是两个推荐的专业方向。

1. 数据科学

学习内容如下。

基础课程：概率论与数理统计、线性代数、计算机编程基础（Python / R）

核心课程：数据挖掘技术、机器学习、大数据处理技术、数据库系统原理

应用课程：预测建模、文本分析、网络分析、数据可视化

未来前景：数据科学家是当前非常热门的职业之一，特别是在金融、零售、医疗健康等领域。随着大数据和人工智能技术的发展，对能够理解和应用数据科学方法的人才需求持续增长。拥有市场调查背景的数据科学家可以在市场研究、消费者行为分析等方面发挥重要作用。

2. 金融科技

学习内容如下。

基础课程：金融学原理、统计学、计算机编程基础

核心课程：区块链技术、算法交易、金融风险管理、人工智能在金融中的应用

应用课程：金融产品设计、金融科技创业、金融科技监管框架

未来前景：金融科技是一个快速发展的领域，涵盖了支付解决方案、投资管理、保险科技等多个方面。具备市场调查专业知识的金融科技人才可以在产品开发、用户行为分析、市场趋势预测等方面发挥作用。金融科技行业正在经历数字化转型，为创新者提供了巨大的机会。

对比分析

数据科学侧重于处理大量数据，从中提取有价值的信息，用于预测和决策制定。它适用于几乎所有行业，尤其是在需要处理大量数据的领域。

金融科技则更多地关注于金融行业的技术创新，涉及支付、借贷、保险等传统金融服务的数字化改造。如果你对金融领域特别感兴趣，金融科技会是一个很好的选择。

结论

考虑到你的背景和个人特点，我认为数据科学是一个非常适合你的选择。它不仅可以充分发挥你在数学和统计学方面的优势，还能结合市场调查的专业知识，帮助你在数据分析领域取得成功。同时，金融科技也是一个值得考虑的方向，特别是如果你对金融领域有一定兴趣。

最终决定取决于你对这两个领域的偏好程度和你对未来职业的具体期望。如果你对这两个方向都有兴趣，可以考虑先深入了解一些相关课程的内容，或者尝试一些在线课程来体验一下，然后再做出最终决定。

> **提示**
>
> 经过对个人信息的深入了解，大模型推荐了贴合个人特征的专业。后续可以进一步提问，要求大模型根据前述对话生成一个优化的专业推荐的指令。这里不再赘述。

案例 6-2：口语训练

案例背景： 小颜是一名 28 岁的市场营销专员，在一家快速消费品公司工作。由于公司的产品线不断扩展，他需要频繁与海外客户和供应商进行沟通。虽然他的英语阅读和写作能力较好，但在英语听说方面不够自信，特别是在处理专业术语和跨文化沟通方面。为了更好地完成工作任务，提升个人职业形象，他决定提高自己的商务英语口语能力。

任务要求： 选择任意大模型工具，帮助小颜提升商务英语口语能力，在国际工作环境中有出色表现。

指令设计

【要点 1】 基本信息输入：向大模型提供小颜的基本信息，包括年龄、职业、英语水平、工作环境特点等。

【要点 2】 角色定位：向大模型明确其角色为一位商务英语口语教练，具备丰富的商务英语教学经验和跨文化交流技巧。

【要点 3】 需求提炼：围绕业务场景，向大模型表述"商务英语口语""国际工作环境""专业术语""跨文化差异"等关键词。

【要点 4】 输出设定：向大模型陈述要获得哪些方面的帮助，如提供日常对话练习、专业术语学习、跨文化交际技巧等。

【要点 5】 输出优化：根据大模型提供的初步方案，结合目标需求向大模型下达进一步优化后的问题指令。

参考指令与生成

【基本指令】 小颜，28 岁，是一名市场营销专员，在一家快速消费品公司工作。他的英语阅读和写作能力较好，但在商务英语听说方面不够自信。假定你是一位商务英语口语教练，拥有多年的商务英语教学经验，专注于帮助职场人士提高商务英语口语能力，特别是在处理专业术语和跨文化沟通方面。请帮助小颜提出一些改进建议。

【AI 生成】

考虑到他在阅读和写作方面的良好基础，我们可以专注于听力和口语的练习，结合实际工作场景来提高他的自信度。以下是一些建议。

1. 日常练习

听力训练：每天花时间听商务英语播客、TED 演讲或观看相关的视频。可以先从带有中文字幕的内容开始，逐渐过渡到无字幕版本。

口语模拟：利用语音识别软件或者与同事进行角色扮演练习，模拟会议、电话会谈等情景。

2. 专业术语学习

词汇积累：建立一个专业术语词汇表，包括产品介绍、市场分析、销售策略等方面的词汇。每天学习 5~10 个新词，并复习之前学过的词汇。

实践应用：尝试在日常工作中使用这些新学的词汇，比如在邮件、报告或会议中。

3. 跨文化沟通

了解不同文化：研究小颜的主要业务伙伴所在国家的文化习俗和商务礼仪，有助于避免误解和不必要的冲突。

模拟情境：与来自不同文化背景的人进行交流练习，比如通过语言交换伙伴计划找到合适的练习对象。

4. 技巧提升

发音和语调：可以通过在线课程或聘请一位私人教练来改善发音和语调，从而更接近母语者。

流畅性练习：多做即兴演讲练习，如准备一个 5 分钟的关于某个行业趋势的演讲，然后不断重复，直到感觉自然流畅。

5. 创造机会

主动参与：在工作中积极寻求使用英语的机会，比如主动参加英文会议或提供英文报告。

加入社群：加入相关行业的国际论坛或社交媒体群组，积极参与讨论。

6. 反馈与评估

定期反馈：找一个信任的同事或朋友定期给予反馈，让他们指出进步和需要改进的地方。

自我评估：记录自己的口语表达，定期回顾以追踪进步。

通过上述建议的实施，小颜可以在较短时间内显著提升他的商务英语听说能力，并且更加自信地应对职场中的各种沟通场合。

【优化指令】请忽略前述提问。小颜，28 岁，是一名市场营销专员，在一家快速消费品公司工作。他的英语阅读和写作能力较好，但在商务英语听说方面不够自信。假定你是一位商务英语口语教练，拥有多年的商务英语教学经验，专注于帮助职场人士提高商务英语口语能力，特别是在处理专业术语和跨文化沟通方面。现在小颜想要提高自己的商务英语口语水平，特别是在处理专业术语和跨文化差异时的表现。他希望能够流畅地与海外客户和供应商进行沟通，同时也希望了解一些跨文化的交流技巧。请帮助他提供一个国内顶尖大学商务英语在线学习的课程，推荐提升英语听说能力的高效方法和练习平台，给出学习市场营销专业术语及跨文化沟通技巧的相关图书（给出图书作者及出版社名称）。

【AI 生成】

为了帮助小颜提升商务英语听说能力，并掌握市场营销的专业术语以及跨文化交流技巧，我会提供以下资源和建议。

在线课程推荐

清华大学的"商务英语"在线课程：这是一个非常适合职场人士的课程，涵盖了商务英语的基础知识和实际应用技能，特别是对于市场营销领域有专门的模块讲解。该课程可以通过学堂在线网站或者其他在线教育平台报名学习。

提升听说能力的方法和练习平台

流利说：这是一个非常受欢迎的语言学习平台，提供了大量的听力和口语练习材料，特别适合希望通过模拟真实对话来提高听说能力的学习者。

HelloTalk：这个应用程序可以帮助用户找到语言交换伙伴，通过实时聊天、语音消息和视频通话的方式与母语为英语的人进行交流，从而提高实际沟通能力。

市场营销专业术语及跨文化技巧的相关书籍

《新版剑桥实用专业英语：市场营销英语（附答案）》：这是一本既可做自学材料，也可做课堂学习的专业英语书。它能帮助你迅速熟悉和学习在商务环境下有关市场营销英语的词汇和表达。

作者：凯特·法拉尔　玛丽安娜·林斯利

出版社：商务印书馆

《吾心可鉴：跨文化沟通》：这本书从文化和心理学的双重视角，带你了解跨文化沟通障碍的突破与克服、跨文化沟通影响力与说服力，以及跨文化沟通创新与实践。

作者：彭凯平

出版社：清华大学出版社

学习建议

每日练习：每天至少安排一定的时间用于听力和口语练习，可以通过上述推荐的应用程序或是观看相关的视频资料。

模拟情景：利用角色扮演的方式模拟与海外客户和供应商的沟通情景，比如产品介绍、价格谈判等。

参加线上研讨会：寻找有关市场营销的线上研讨会或讲座，这不仅可以帮助学习专业术语，还可以提供一个实际应用所学知识的机会。

记录和反思：每次练习后，记录下自己的表现并反思哪些地方做得好，哪些地方需要改进。

通过持续的努力和练习，小颜应该能够在短时间内显著提升自己的商务英语听说能力，更好地适应国际化的工作环境。

【应用场景 2】备考监护

案例 6-3：作业检查

案例背景： 小明是一名 9 岁的小学生，正在上小学四年级。他喜欢数学，但比较马虎，在解题思路和计算准确性方面存在问题。由于父母工作繁忙，无法经常辅导他的家庭作业。小明的老师建议父母使用 AI 辅助学习工具来检查数学作业并加以辅导。

案例数据： \案例资料\6-3 小明作业

任务要求： 选择任意大模型工具，帮助小明解决作业检查的问题，并根据作业错误反馈内容给小明，提供针对性的辅导。

指令设计

【要点1】基本信息输入：向大模型提供小明的基本信息，包括年龄、年级、科目等。

【要点2】角色定位：向大模型明确其角色为数学作业辅导助手，具备自动识别、解析数学题目和提供解题步骤的能力。

【要点3】需求提炼：围绕业务场景，向大模型表述"小学数学""作业检查""解题步骤"等关键词。

【要点4】输出设定：向大模型陈述要获得哪些方面的帮助，例如检查数学作业答案的正确性、提供解题思路等。

【要点5】输出优化：根据大模型提供的初步方案，结合目标需求向大模型下达进一步优化后的问题指令。

参考指令与生成

【基本指令】你好，小明是小学四年级的学生。假定您现在是他的数学作业辅导助手，请根据他上传的数学作业的图片资料（见图6-1）帮其检查计算准确性，并给出正确做法。其中第一部分题目要求采用简便方法计算，不允许按顺序计算。第二部分的问题请给出解题思路，要用四年级学生能接受的方法。

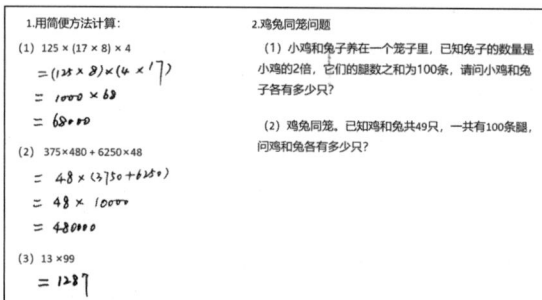

图6-1 小明的数学作业

【AI 生成】

这张图片包含两部分内容：一部分是用简便方法计算的三个算式，另一部分是两个鸡兔同笼问题。

首先我们来检查第一部分的计算。

（1）$125 \times (17 \times 8) \times 4$

$=(125 \times 8) \times (17 \times 4)$

$=1\ 000 \times 68$

$=68\ 000$

这个计算过程是正确的。它使用了乘法交换律和结合律，将 125 与 8 相乘，然后将结果与 17 和 4 的积相乘。

（2）$375 \times 480 + 6\ 250 \times 48$

$=48 \times (3\ 750 + 6\ 250)$

$=48 \times 10\ 000$

$=480\ 000$

这个计算过程也是正确的。它使用了分配律，将 480 分解为 48×10，然后将 48 提取出来，使得原式变为 48 乘以括号内的数之和。

（3）13×99=1 287

这个计算过程不完全正确。正确的做法应该是：

13×99=13×(100-1)=1 300-13=1 287

接下来我们看第二个部分的鸡兔同笼问题。

（1）小鸡和兔子在一个笼子里，已知兔子的数量是小鸡的 2 倍，它们的腿数之和为 100 条。请问小鸡和兔子各有多少只？

这是一个典型的鸡兔同笼问题。设小鸡有 x 只，则兔子有 $2x$ 只。因为一只小鸡有两条腿，一只兔子有四条腿，所以可以列出方程：

$2x+4(2x)=100$

化简得：$10x=100$

解得：$x=10$

因此，小鸡有 10 只，兔子有 20 只。

（2）鸡兔同笼。已知鸡和兔共 49 只，一共有 100 条腿，问鸡和兔各有多少只？

同样是一个鸡兔同笼问题。设鸡有 x 只，则兔子有 $(49-x)$ 只。根据题意可列方程：

$2x+4(49-x)=100$

化简得：$196-2x=100$

解得：$x=48$

因此，鸡有 48 只，兔子有 1 只。

希望这些解答对小明有所帮助！如果有其他问题或需要进一步的帮助，请随时告诉我。

> **注意**
>
> 通义大模型基本上能够正确识别作业图片中的内容，题目讲解也比较准确。需要说明的是，在图像识别及数学问题解答方面，当前很多大模型还存在识别不准确、解答出错的现象，用户需要有一定的甄别能力。

【优化指令】请根据前面作业的质量，指出小明在数学知识掌握方面还存在哪些问题，并给出有针对性的建议。

【AI 生成】

根据小明完成的作业来看，他在数学方面表现出了良好的基础，特别是在简便计算方面。不过，还有一些地方需要注意和加强。

1. 概念理解

小明在简便计算中表现出较好的技巧，但需要确保他理解每个步骤背后的数学原理。在第三个算式中，虽然最终答案正确，但是简便算法的步骤没有明确地写出来，这表明孩子可能对简便算法的原理还不够熟练或自信。

2. 细节处理

在计算过程中，小明需要更加注意细节，保证解题步骤的规范性。如第三题应该强调 $13×99=13×(100-1)$，而不是直接给出结果。

3. 应用能力

对于鸡兔同笼问题，小明不能正确求解，这表明他还没有形成较强的代数思维习惯。例如，在解决这类问题时，直接通过列方程求解是一种更为系统和通用的方法。他需要更多地练习不同类型的题目，并且学会如何将实际问题转化为数学表达式。

针对性建议

1. 强化基础知识

多做一些基本运算的练习，特别是乘法和加减法的结合运用。

练习使用不同的简便方法进行计算，以增强对数学公式的理解和应用能力。

2. 提升解决问题的能力

解决实际问题时，先明确问题中的关键信息，再尝试将问题抽象成数学模型。

增加一些鸡兔同笼、年龄问题等类型的题目练习，通过多样化的练习来提高解决问题的能力。

3. 注重细节和过程

在解题时要仔细检查每一个步骤，确保计算无误。

当解决复杂问题时，分步骤写出计算过程，这有助于厘清思路并减少错误。

4. 培养逻辑思维

鼓励小明多思考题目背后的逻辑关系，比如在解决鸡兔同笼问题时，可以通过画图或者列表的方式帮助理解题目的含义。

通过这些针对性的练习和指导，小明可以在数学学习上取得更好的进步。希望这些建议能对他有所帮助！

除了作业检查，大模型也可以根据学生的学习进度、兴趣和能力提供定制化的学习材料和练习，进行考试模拟等。在大模型应用过程中要培养批判性思维，对 AI 提供的信息进行独立验证，确保准确性和可靠性。

案例 6-4：考试模拟

案例背景：陈雅是一名大二学生，目前正在备考大学英语四级。虽然她进行了比较全面的学习和练习，但在阅读理解题目上仍然失分较多，主要问题是阅读速度慢和个别句子理解不准确。随着考试时间临近，她希望大模型能够按照大学英语四级的考试大纲和难度，模拟 5 篇不同题材的阅读理解文章和相关题目，并给出正确答案，同时提供阅读理解快速提分的训练方法。

任务要求：选择任意大模型工具，帮助陈雅同学解决大学英语四级备考过程中的问题。

指令设计

【要点 1】基本信息输入：向大模型提供陈雅的基本信息，包括年级、考试内容、当前学习问题等信息。

【要点 2】角色定位：向大模型明确其角色为大学英语四级考试命题导师，熟悉大学英语四级考试大纲、考点内容，具备大学英语四级考试命题能力。

【要点 3】需求提炼：围绕业务场景，向大模型表述"大学英语四级""阅读理解""阅读速度慢""准确率低""不同题材"等关键词。

【要点4】输出设定：向大模型陈述要获得哪些方面的帮助，如模拟大学英语四级考试的阅读理解题目5篇，给出快速提高阅读理解类题目的答题速度和准确率的训练方法等。

【要点5】输出优化：根据大模型提供的初步方案，结合目标需求向大模型下达进一步优化后的问题指令。

参考指令与生成

【基本指令】你好，我是一名大二学生，正在备考大学英语四级考试。目前我在阅读理解题目的解答上存在问题，阅读速度慢，且准确率低。假设您是大学英语四级考试命题导师，请按照大学英语四级的考试大纲和难度，模拟5篇不同题材的阅读理解文章和相关题目，并设定完成时间标准。

【AI生成】

根据大学英语四级考试的要求，阅读理解部分通常会包含不同类型的短文，如记叙文、说明文、议论文等。每篇文章含200～300个单词，考查学生的词汇量、语法知识以及对文章整体结构的理解能力。

下面我会给出5篇不同题材的文章，并附上相应的题目。请记得，在真实的考试环境中，你需要在限定的时间内完成所有题目。四级考试中阅读理解部分的标准完成时间通常是40分钟内完成3～4篇短文的阅读及答题。

文章一：科技类

标题：The Impact of Smartphones on Our Lives

Smartphones have become an integral part of our daily lives. They not only provide us with a convenient way to communicate but also serve as a powerful tool for accessing information and entertainment. With the advent of smartphones, people can now stay connected almost anywhere and at any time. However, this constant connectivity has its downsides as well. Studies show that excessive use of smartphones can lead to issues such as sleep deprivation, eye strain, and even addiction. Despite these concerns, it is clear that smartphones have fundamentally changed the way we interact with each other and the world around us.

1. What is the main idea of the passage?

（A）The benefits of smartphones.

（B）The negative effects of smartphones.

（C）How smartphones have changed our lives.

（D）The importance of staying connected.

2. Which of the following is NOT mentioned as a negative effect of using smartphones?

（A）Sleep deprivation.

（B）Eye strain.

（C）Addiction.

（D）Improved communication skills.

文章二：文化类

标题：Traditional Chinese Medicine (TCM)

......

文章三：教育类

标题：The Benefits of Online Learning

......

文章四：经济类

标题：Economic Impact of Tourism

......

文章五：社会类

标题：The Role of Social Media in Society

......

为了模拟真实的考试环境，请尝试在 20 分钟内完成以上 5 篇文章的阅读和回答。这将帮助你提高阅读速度和理解能力。希望这些练习对你有所帮助！如果有任何疑问或需要进一步的帮助，请随时告诉我。

> **提示**
>
> 大模型不仅对大学英语四级考试阅读理解的相关要求给出了说明，还模拟了科技类、文化类、教育类、经济类和社会类 5 种题材的文章，给出 10 道题目，并约定考试时间为 20 分钟（限于篇幅，只呈现了部分文章和问题）。

【优化指令】很好。请对上述 5 篇文章的考点加以说明，并给出中文翻译。同时，询问我 10 个问题的答案，再根据我的表现，给出快速提升阅读理解能力的训练方法。

【AI 生成】

好的，让我们先对这 5 篇文章的考点进行说明，并提供中文翻译。之后，我会询问你关于这 10 个问题的答案，并基于你的表现给出快速提升阅读理解能力的方法。

文章一：科技类

标题：智能手机对我们生活的影响

考点说明如下。

主旨大意：理解文章的主要观点。

细节理解：从文中找到具体信息并判断选项的正误。

中文翻译：智能手机已成为我们日常生活中不可或缺的一部分。它们不仅为我们提供了一种便捷的沟通方式，还作为获取信息和娱乐的强大工具。随着智能手机的出现，人们现在几乎可以在任何地方、任何时候保持联系。然而，这种持续的连接也有其不利的一面。研究表明，过度使用智能手机会导致诸如睡眠不足、眼疲劳甚至成瘾等问题。尽管存在这些担忧，但很明显，智能手机已经从根本上改变了我们与彼此以及周围世界的互动方式。

文章二：文化类

标题：中国传统医学

......

接下来，请回答以下 10 个问题：

这篇文章的主要观点是什么？

下列哪一项不是智能手机使用的负面影响？

中医强调什么？

下列哪一项不属于中医的组成部分？

在线学习的一个优势是什么？

批评者认为在线学习有什么缺点？

什么是过度旅游？

可持续旅游实践旨在实现什么目标？

社交媒体的一个积极方面是什么？

根据这篇文章，社交媒体带来了什么挑战？

请提供你的答案，这样我可以更好地了解你的水平，并给出针对性的建议。

【模拟回复】C B A B D B B D C C。注意：请把错误的题目标识出来。

【AI 生成】

非常好，你已经完成了这 10 个问题的回答。接下来，我会检查你的答案，并根据你的表现给出一些快速提升阅读理解能力的训练方法。

答案核对

1. 问题一

问题：What is the main idea of the passage?

你的答案：（C）How smartphones have changed our lives.

正确答案：（C）How smartphones have changed our lives.

解析：文章主要讲述了智能手机如何改变了我们的生活方式，包括其积极和消极的影响。

2. 问题二

问题：Which of the following is NOT mentioned as a negative effect of using smartphones?

你的答案：（B）Eye strain.

正确答案：（D）Improved communication skills.

解析：文章提到了使用智能手机可能导致的一些负面影响，如睡眠不足、视力疲劳和成瘾性，但没有提到将改善沟通技巧作为负面影响。

3. 问题三

问题：What does TCM emphasize?

你的答案：（A）Balancing the body's energy flow.

正确答案：（A）Balancing the body's energy flow.

解析：文章指出中医强调的是身体的能量流动平衡。

……

错误答案标记

第 2 题：B（正确答案应该是 D）

第 7 题：B（正确答案应该是 D）

第 9 题：C（正确答案应该是 A）

总体评价

你的答案基本正确，只有几处小错误，整体表现不错。这表明你对于文章的主要观点有较好的把握，并且能够从文本中提取关键信息。不过，需要注意的是，在选择题中要特别注意题目的表述方式，有时候题目的选项表述会有细微差异，需要仔细辨别。

提升阅读理解能力的训练方法

1. 增加阅读量：多读不同类型的文章，尤其是英语原版材料，以提高词汇量和语感。
2. 定时练习：每次阅读时都给自己设定一个时间限制，逐渐提高阅读速度。
3. 总结主旨：读完一篇文章后，尝试用自己的话总结文章的主要内容。
4. 词汇积累：遇到不认识的单词时，记录下来并查字典，然后复习这些词汇。
5. 做笔记：在阅读过程中做笔记，比如关键词汇、主旨句等，有助于理解和记忆。
6. 模拟测试：定期进行模拟考试，模拟真实考试环境，以便适应考试节奏。
7. 反思错题：分析做错的题目，找出原因，并回顾相关的知识点。
8. 参加讨论：与同学或老师讨论阅读材料，这有助于加深理解。

继续保持良好的习惯和努力，相信你会在大学英语四级考试中取得优异的成绩！如果你还需要更多的帮助或者有任何问题，随时欢迎提问。

> **提示**
>
> 进一步优化指令，要求大模型自动核对答案，并根据答题质量提出个性化的训练方法。

在学习成长方面，大模型可以充当个性化学习助手、智能辅导系统、自动评估工具、创作辅助向导等，大大提高人们学习成长的便捷性。

> **注意**
>
> 在使用 AI 大模型辅助学习时，必须尊重知识产权，确保原创性。避免盲目抄袭，必要时应获得适当的许可。

6.2 职业导师

在求职和就业方面，大模型能够根据个人的职业偏好和职业目标，提供定制化的学习资源和成长路径建议。大模型通过分析职业市场的需求和趋势，预测未来的就业机会，帮助个人规划职业发展。同时，在求职过程中，大模型还能辅助撰写个性化的简历和求职信，甚至模拟面试场景，提高个人的面试技巧和成功率。此外，大模型还能在就业后继续为个人提供专业发展和技能提升的建议，确保其在职业生涯中保持竞争力。

【应用场景 1】职业发展

案例 6-5：职业晋升规划

案例背景： 徐菲是一位 28 岁的会计师，在一家中型制造企业工作了 3 年。她已经在这个岗位上积累了丰富的财务管理和审计经验。随着职业发展的需要，徐菲希望能够在公司内部获得晋升的机会，成为财务部门主管。然而，她对如何规划自己的职业道路以及需要掌握哪些额外技能才能实现晋升感到不确定。徐菲希望通过 AI 工具帮助自己进行职业规划，以确保自己能够顺利晋升并在会计领域取得更大的成就。

任务要求：请利用任意大模型工具，为徐菲设计一份职业晋升规划，帮助其解决在职业发展中的困惑。

指令设计

【要点1】基本信息输入：向大模型提供徐菲的基本信息，包括年龄、职位、工作经验等信息。

【要点2】角色定位：向大模型明确其角色为职业规划顾问，具备分析个人能力、职业发展趋势以及提供晋升路径的能力。

【要点3】需求提炼：围绕业务场景，向大模型表述"制造企业""会计师""财务部门主管""岗位晋升""技能提升"等关键词。

【要点4】输出设定：向大模型陈述要获得哪些方面的帮助，如职业发展路径建议、技能提升方向等。

【要点5】输出优化：根据大模型提供的初步方案，结合目标需求向大模型下达进一步优化后的问题指令。

参考指令与生成

【基本指令】徐菲28岁，会计师，在一家中型制造企业工作了3年，主要负责财务管理和审计工作。她想在未来两年内晋升为财务部门主管。假设你是一位职业规划顾问，拥有丰富的职业规划经验，擅长帮助会计专业人士根据个人兴趣和职业目标规划职业发展路径，包括技能提升、岗位晋升等。请帮助徐菲总结成为制造企业财务部门主管的条件及技能提升的路径。

【AI生成】

为了帮助徐菲在接下来的两年内晋升为财务部门主管，我们可以从以下几个方面来规划她的职业发展路径。

1. 技能提升与专业知识

专业资格证书：鼓励徐菲考取更高层次的专业证书，如CPA（注册会计师），这些证书不仅能证明其专业能力，也有助于提升她在行业内的竞争力。

财务管理知识：加强对公司财务管理、成本控制、预算编制等方面的学习，以更好地理解企业的整体运营状况。

税务知识：深入学习税法变化及其对企业的影响，以便为企业提供更专业的税务筹划建议。

2. 领导力与团队管理

沟通技巧：提高与不同部门之间的沟通效率，能够清晰地表达自己的观点。

团队建设：培养领导能力，学会激励团队成员，促进团队合作。

项目管理：通过参与或主导一些重要的财务项目来提升项目管理能力。

3. 业务理解和战略思维

了解行业趋势：保持对制造业发展趋势的关注，理解行业面临的挑战和机遇。

战略规划：学习如何制订和实施财务战略计划，支持公司的长期发展目标。

4. 技术能力

财务软件使用：熟练掌握ERP系统及其他财务软件的应用，提高工作效率。

数据分析能力：利用 Excel 高级功能、SQL 或其他数据处理工具进行财务分析，提供决策支持。

5．职业机会与人脉拓展

内部轮岗：争取在不同财务领域积累工作经验，比如成本会计、税务会计等，以增加对整个财务流程的理解。

外部交流：参加行业协会活动，建立人脉网络，了解最新的行业动态和技术发展。

实施步骤

1．短期计划（第一年内完成）：获得 CPA 证书；加强与各部门之间的沟通协作；学习使用新的财务软件工具。

2．中期计划（第二年内完成）：承担更多责任，例如领导小型项目或团队；提升自身的战略思维能力和业务洞察力；继续扩展人脉网络，参加行业会议和研讨会。

通过这样的规划，徐菲可以在两年内具备晋升为财务部门主管所需的各项素质和能力。同时，她也需要持续关注自身的职业兴趣和发展方向，确保自己的职业规划与个人目标相匹配。

> **提示**
>
> 进一步优化指令，补充徐菲所在企业信息、晋升政策资料，同时细化要求与输出。

【优化指令】忽略前述提问。徐菲现年 28 岁，担任某中型制造企业财务部的会计师已有 3 年时间。她的主要工作职责包括财务管理和审计工作。该企业专注于汽车零部件生产，员工总数约为 500 人。企业文化较为传统，晋升机制相对稳定，通常需要通过内部考核和评选。

徐菲希望能够在未来两年内晋升为财务部门主管，她希望能够负责整个部门的战略规划、预算编制以及团队管理等工作。她目前已经在准备 CPA 考试，但还想了解更多关于提升领导力、沟通技巧和战略思维的方法。此外，她也希望获得一些建议，了解如何更好地利用现有资源来拓展人脉，并且希望能够平衡好工作与生活的质量。

请根据以上信息，为徐菲提供一个详尽的职业发展规划方案，包括但不限于：

- 如何提升她的专业技能和领导力；
- 如何增强她对制造业财务工作的理解和应用；
- 如何通过内外部资源拓展人脉和职业网络；
- 如何平衡工作与个人生活，保持良好的心理状态。

【AI 生成】

为了帮助徐菲实现其职业发展目标，我们可以从以下几个方面制作出详细的发展计划。

1．提升专业技能和领导力

继续教育：除了准备 CPA 考试外，还可以考虑学习财务管理、成本控制、税务规划等相关课程，以加强专业知识。

在线学习：利用在线学习平台，学习领导力、项目管理和战略规划等技能。

实践机会：主动寻求参与公司重大项目的机会，通过实际操作提高解决问题的能力。

导师指导：寻找一位在财务领域有丰富经验的导师，定期交流心得，获取职业发展的建议。

领导力培训：参加企业内部或外部提供的领导力培训项目，提升团队管理和人际交往能力。

2. 增强对制造业财务工作的理解和应用

行业研究：定期阅读汽车制造行业的报告、分析文章及行业趋势，了解最新的财务处理方法和技术。

专业网络：加入相关行业协会（如中国注册会计师协会），参加研讨会、论坛等活动，与其他行业专业人士交流经验。

案例分析：分析同行业内其他公司的财务报表和成功案例，从中学习最佳实践。

技术应用：学习使用 ERP 系统、财务软件和其他财务管理工具，提高工作效率。

3. 拓展人脉和职业网络

参加行业活动：积极参与行业会议、研讨会和社交活动，扩大人脉圈。

建立联系：利用领英（LinkedIn）等社交媒体平台与同行建立联系，分享观点并寻求合作机会。

内部网络：在公司内部建立良好的人际关系网，特别是与高级管理层建立良好的沟通渠道。

志愿者服务：参与社区服务或慈善活动，不仅可以服务社会，还能结识不同背景的人士。

4. 平衡工作与个人生活

设定优先级：明确工作和个人生活的目标，合理安排时间，确保两者之间有适当的平衡。

健康生活方式：保持规律的作息时间和健康的饮食习惯，定期进行体育锻炼。

兴趣爱好：培养一些兴趣爱好，如阅读、旅行或运动，有助于放松身心。

时间管理：学习有效的时间管理技巧，比如使用待办事项列表或时间管理应用程序来提高效率。

心理健康：如果感到压力过大，可以寻求心理咨询师的帮助，也可以尝试冥想等减压方法。

实施步骤

1. 短期目标（接下来 6 个月）

完成 CPA 考试准备；加入至少一个行业协会，并开始参加相关活动；开始在线学习相关课程；寻找内部导师。

2. 中期目标（接下来 12 个月）

获得 CPA 认证；在工作中承担更多责任，如参与重要项目的财务管理；扩大行业内的联系网络。

3. 长期目标（接下来 24 个月）

成功晋升为财务部门主管；在公司内部建立良好的声誉；成为行业内的知名人士。

通过这些步骤的实施，徐菲不仅能够提升自己的专业能力和领导力，还能够在个人生活和职业生涯之间找到合适的平衡点。

✍️ 牛刀小试

请根据下列实训背景和任务要求设计提示词，完成大模型内容生成。

实训背景：王悦是一名 22 岁的物流管理专业大二学生，在一所高职院校就读。他对物流管理所有专业课都有着浓厚的兴趣，并且已经取得了不错的成绩。随着毕业时间的临近，王悦开始思考自己的职业发展方向，希望能够在物流管理领域找到一份满意的工作。然而，他对于如何规划自己的职业生涯、选择合适的实习机会及了解物流行业的最新趋势等方面感到困惑。王悦希望通过 AI 工具帮助他进行职业规划，以确保自己能够顺利进入职场并取得成功。

任务要求：请求 AI 扮演一名资深的职业规划师，帮助王悦进行详细的职业规划。

大模型在职业发展上的应用很广，除了职业规划，还可以测试职业倾向、进行职业技能评估以及职位匹配等，也经常用于简历设计、面试准备等方面。

【应用场景 2】求职助力

案例 6-6：简历设计与面试模拟

案例背景：郑岩是一名 26 岁的会计专业应届毕业生，具有硕士学位，曾在一家知名会计师事务所实习过。他希望能够加入华为这样的大型企业，以获得更广阔的平台和发展空间。郑岩了解到华为在招聘会计人员时，除了专业技能之外，还会考察应聘者的综合素质和职业规划。因此，他希望通过 AI 工具帮助他进行模拟面试，以便更好地准备即将到来的华为会计岗位面试。

任务要求：利用任意大模型工具，帮助郑岩同学基于华为公司的行业特征、企业文化等模拟招聘会计人员的面试过程，提供面试技巧。

指令设计

【要点 1】基本信息输入：向大模型提供郑岩的基本信息，包括年龄、专业、工作经验等。

【要点 2】角色定位：向大模型明确其角色为华为人力资源部专员和会计岗位面试官，具备模拟华为面试问题、提供面试技巧的能力。

【要点 3】需求提炼：围绕业务场景，向大模型表述"会计专业""华为会计岗位""面试模拟"等关键词。

【要点 4】输出设定：向大模型陈述要获得哪些方面的帮助，如模拟常见面试问题、提供面试技巧等。

【要点 5】输出优化：根据大模型提供的初步方案，结合目标需求向大模型下达进一步优化后的问题指令。

参考指令与生成

【基本指令】郑岩，男，硕士研究生，26 岁，是一名会计专业应届毕业生，曾在一家知名会计师事务所实习过。他想应聘华为公司财务部的会计岗位，希望获得关于简历设计与面试模拟方面的帮助。请分别以华为公司人力资源部专员和会计岗位面试官的角色，为郑岩提供具有会计岗位竞争力的简历框架，同时，模拟基于华为公司企业文化和行业特征的会计岗位面试场景。

【AI生成】

1. 简历框架（从人力资源部专员角度）

个人信息

姓名：郑岩　　　　　　　　性别：男　　　　年龄：26岁

联系方式：手机号码/电子邮箱　　地址：居住地　　求职意向：财务部会计

教育背景

学校名称：××大学　　专业：会计学　　学位：硕士研究生

毕业时间：2022年　　GPA/成绩排名：（如果有优异的成绩或排名，请注明）

专业技能

会计准则：熟悉中国会计准则及国际会计准则。

软件技能：熟练使用SAP、Oracle等财务管理软件。

语言能力：英语水平（如大学英语六级、托福、雅思等）。

其他技能：Excel高级使用技巧、数据分析能力等。

实习经历/项目经验

实习单位名称 | 实习职位 | 实习时间

描述在实习期间的主要职责；解决的问题或参与的项目；所取得的成绩或贡献。

项目名称 | 项目角色 | 时间

项目描述；承担的任务；成果展示。

证书与荣誉

初级会计师证；CPA考试通过科目；其他相关证书或奖项。

个人评价

简短介绍自己的性格特点、职业规划等。

2. 面试模拟（从会计岗位面试官的角度）

面试开始

面试官：你好，郑岩，请先简单介绍一下自己吧。

郑岩：（自我介绍）

技能相关问题

面试官：你能详细解释一下你对IFRS（国际财务报告准则）的理解吗？

面试官：在处理复杂的财务报表时，你是如何确保数据准确性的？

面试官：请举例说明你在学校或实习中使用过哪些会计软件，并分享一下使用体验。

行业知识问题

面试官：华为作为一家全球领先的ICT（信息与通信技术）解决方案提供商，在会计工作中可能会遇到哪些特殊挑战？

面试官：你了解华为的业务模式吗？如果加入我们，你认为怎样才能更好地支持公司的业务发展？

企业文化相关问题

面试官：华为非常重视团队合作和持续学习的文化，你如何看待这一点？

面试官：请谈谈你对华为"以客户为中心"的理念的理解，并结合你的经历举例说明。

情景模拟问题

面试官：如果发现公司的某项财务记录可能存在错误，你会如何处理这个问题？

面试官：假设你需要与一个跨部门团队合作完成一项紧急任务，但你们在某些细节上有分歧，你会怎么解决？

结束语

面试官：非常感谢，如果你有任何问题想要问我们，现在可以提出。

以上就是针对郑岩应聘华为财务部会计岗位的简历建议和面试模拟。希望这些建议能够帮助他成功获得这份工作！

> **提示**
>
> 根据 AI 生成内容，进一步优化指令，得到更加具体的面试指导。

【优化指令】请模拟上述面试问题的答案，以便提高录用率；同时，提供一些面试着装及礼仪上的技巧。

【AI 生成】

以下是一些针对上述模拟面试问题的回答示例，旨在提高录用率。请注意，这些回答应基于个人实际情况和经历进行调整，以确保真实性。

面试答案模拟

自我介绍

郑岩：你好，我是郑岩，今年 26 岁，刚从××大学会计专业毕业，获得了硕士学位。在校期间，我不仅系统地学习了会计理论知识，还积极参加各种实践活动，包括在一家知名会计师事务所实习，负责财务分析工作。这段经历让我对实际工作中的会计流程有了深入理解。此外，我还通过了 CPA 的部分科目考试，具备扎实的专业基础。我非常认同华为的企业文化，希望能有机会成为华为的一员，运用我的专业知识为公司的发展贡献力量。

技能相关问题

面试官：你能详细解释一下你对 IFRS（国际财务报告准则）的理解吗？

郑岩：当然可以。IFRS 是一套由国际会计准则理事会制定的全球性会计准则，旨在确保不同国家间企业的财务报表具有可比性和透明度。比如，IFRS 9 规定了金融工具的分类、计量和减值处理；IFRS 15 则明确了收入确认的原则。我在课程学习和实习过程中都接触过这些准则的应用，并且也参加了相关的培训课程，确保自己能跟上最新的会计准则变化。

......

情景模拟问题

面试官：如果发现公司的某项财务记录可能存在错误，你会如何处理这个问题？

郑岩：如果我发现财务记录中存在潜在错误，首先我会仔细检查数据来源和计算过程，确保问题的确存在。然后，我会与直接上级沟通，说明我的发现，并提供详细的证据支持。如果需要，我还会与其他相关部门协调，共同解决问题。在整个过程中，我会保持谨慎和客观的态度，确保所有操作符合公司的政策和制度要求。

......

面试着装及礼仪技巧

着装建议：穿着正式的职业装，如深色西装搭配浅色衬衫；确保衣服干净整洁，鞋子擦亮；避免过于鲜艳的颜色或夸张的配饰；注意个人卫生，保持清爽的形象。

礼仪建议：提前到达面试地点，预留充足的时间应对突发状况；进入房间时面带微笑，用坚定且礼貌的眼神与面试官交流；握手时要有力，但不要太过用力；回答问题时清晰简洁，避免过多使用口头禅；保持良好的坐姿，表现出自信和专注；面试结束时，向面试官表示感谢。

希望这些建议能够帮助郑岩在面试中表现得更加出色！

注意

大模型按照优化后的指令生成了模拟答案和面试技巧，并且强调内容要根据个人情况来调整，确保真实性。这也是使用 AI 大模型必须遵循的基本伦理道德。

训练提升 »»»»»»»»»»»»»

简历生成与优化

实训背景：随着 AI 技术的进步，特别是在自然语言处理领域的重大突破，小智注意到预训练大模型凭借其深刻的语境理解能力和出众的文本创作技巧，可以有效赋能个人制作出更具市场竞争力的求职简历。作为一位即将步入社会舞台的审计学专业应届毕业生，面临严峻就业市场的挑战，尽管小智已经用心制作并向多家企业投递了多版简历，却未得到期待中的积极反馈。深思熟虑后，他认识到问题可能在于现有简历的内容布局和表述方式未能充分凸显自身在审计领域的专业素养与独特优势。小智决定借助 AI 技术精准优化简历，以精练的专业表述提升核心竞争力，确保简历脱颖而出，赢得雇主青睐。

视频资料

论文大纲梳理与文案优化

任务描述：请利用任意大模型工具，在不改变原有信息的基础上，帮助小智对其简历进行深度提炼和优化，重点关注工作经历、在校经历及自我评价的关键成果，打造一份逻辑严谨、亮点突出的简历，通过精练措辞彰显专业高度与核心竞争力，迅速打动潜在雇主，提高录用机会。

指令要点：

（1）了解背景信息：为了让大模型更好地了解任务目标，需要向大模型下达与背景信息相关的指令，包括但不限于小智的基本信息及求职意愿等。【指令 1】

（2）明确角色定位：为了让大模型更好地匹配回答内容，需要向大模型明确其代表的角色身份和具备的相关技能。【指令 2】

（3）分析任务需求：在任务开始之前，需要通过关键词提炼，明晰任务目的、确定关键信息、识别优化方向、把握目标职位要求等，以便于大模型针对小智的实际情况，精准提炼其核心优势，优化叙述结构和语言表达，实现简历内容的专业化、个性化和吸引力的全面提升。【指令 3】

（4）持续优化：在指令依次发布的过程中，需要根据大模型的回答结果不断优化答案。这可能包括修改指令、补充信息、调整表达方式等，以确保回答更好地满足用户需求，提高简历的最终质量及匹配度。【指令 4】

第 7 章　文字魔术师：创意工场

学习目标 ▼

【知识目标】

- 掌握如何将 AI 技术与市场营销、文案创作等专业知识结合，生成有价值的创意

【能力目标】

- 能够引导多种 AI 大模型工具在市场推广、内容创作等场景下进行品牌创设、海报设计、视频制作、活动策划、故事编创、文档生成等

【素养目标】

- 培养创新思维和批判性思维，对大模型生成的内容进行理性评估和批判性采纳，确保符合 AI 伦理道德规范

内容框架 ▼

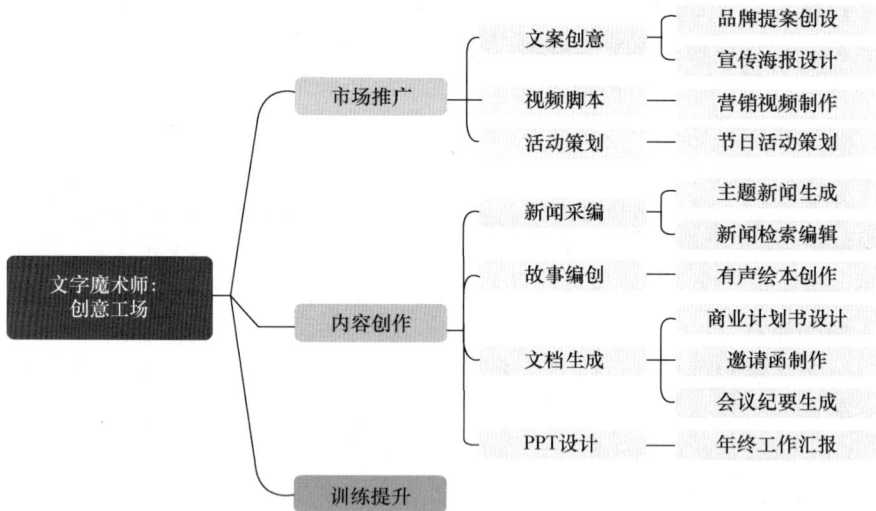

本章导读 ▼

AI 大模型在创意方面的表现令人惊叹。它不仅可以提供个性化的创意素材和构思，还能帮助用户生成引人瞩目的广告词和创意文案。从广告营销到客户服务，从设计创作到教育培训，AI 创意无处不在，为人们的工作和生活带来了巨大的便利，为创意世界注入了新的活力。

7.1 市场推广

在营销策划和市场推广工作中，创意和方案的产出是至关重要的。ChatGPT 等 AI 工具拥有极强的创意能力，可以轻松创造出一个头脑风暴团队，增加创意维度，减少部门沟通障碍，节约沟通时间，在品牌搭建、品牌定位、创新理念、产品宣发、活动策划等方面均可提供智力支持。

【应用场景 1】文案创意

案例 7-1：品牌提案创设

案例背景： 尚品制衣公司想打造一个新的女装品牌。产品精选羊毛、丝绸、棉麻等高品质的面料，有质感且舒适，针对 30～40 岁职场女性，以灰、黑、白色系为主，体现职场女性的干练和典雅，简约而不简单。请从不同的创意维度为该品牌命名，要求品牌名称符合产品传递的理念，不能与当前国内外已有女装品牌重名，好听且易记，同时生成与品牌理念契合的宣传文案及品牌 Logo。

任务要求： 请求 AI 扮演一名资深的女装品牌创意策划专家，按要求帮助尚品制衣公司的女装品牌命名，生成创意宣传文案及品牌 Logo。

指令设计

【要点 1】基本信息输入：向大模型提供基本信息，包括女装品牌的面料、颜色、受众、体验等信息。

【要点 2】角色定位：向大模型明确其角色为女装品牌创意策划专家，善于根据品牌定位、特点、受众来为品牌命名、设计 Logo 以及撰写宣传文案。

【要点 3】需求提炼：围绕业务场景，向大模型表述"干练典雅""简约而不简单""不同创意维度""好听且易记"等关键词。

【要点 4】输出设定：向大模型陈述要获得哪些方面的帮助，例如设计品牌名称和品牌 Logo，提供品牌创意文案等。

【要点 5】输出优化：根据大模型提供的初步方案，结合目标需求向大模型下达进一步优化后的问题指令。

参考指令与生成

【基本指令】尚品制衣公司想打造一个新的女装品牌。产品精选羊毛、丝绸、棉麻等高品质的面料，有质感且舒适，针对 30～40 岁职场女性，以灰、黑、白色系为主，体现职场女性的干练和典雅，简约而不简单。假设你是一名女装品牌创意策划专家，善于女装品牌提案设计工作。请从不同的创意维度为该品牌命名。要求名称为 2 个字，符合产品传递的理念，具有独创性，好听且易记。请提供 10 个中文品牌名称及其对应的英文名称和设计理念说明。

【AI 生成】

中文名：雅逸，英文名：ElegantEase

设计理念：结合"雅致"与"逸致"，传达出品牌服装不仅外观优雅，穿着更带来轻松自在的职场体验，适合追求品质与舒适并重的 30～40 岁职场女性。

中文名：简韵，英文名：SimpleCharm

设计理念：强调简约设计中的不凡韵味，灰黑白色系搭配高品质面料，彰显职场女性的干练与内在魅力。

中文名：璟致，英文名：JingElegance

设计理念："璟"字寓意珍贵光彩，结合"致"表达极致追求，品牌致力于提供精致、典雅的职业女装，让每位女性在职场中绽放独特光彩。

中文名：绮界，英文名：QiRealm

设计理念：借用"绮丽"之意，创造出一个专属于高品质职业女性的时尚界域，灰黑白色调下藏着不凡的时尚感。

中文名：素霓，英文名：PlainNirvana

设计理念："素"代表简约，"霓"则隐含着色彩与梦想的意象，品牌以简约而不失格调的设计，为职场女性带来心灵上的宁静与美好。

中文名：缦纱，英文名：ManShawe

设计理念：结合"缦"（轻柔的丝织品）与"纱"（透明轻盈），象征品牌服装如丝般细腻，轻盈中透着职场女性的干练与高雅。

中文名：翊尚，英文名：YiSang

设计理念："翊"有辅佐、帮助之意，结合"尚"（高尚、品质），寓意品牌助力职场女性展现最佳状态，追求更高尚的生活品质。

中文名：霭裳，英文名：AiGrace

设计理念："霭"字带有柔和、朦胧之美，"裳"指衣裳，整体传达出品牌服装既具职场专业性又不失温柔女性气质的特点。

中文名：菁领，英文名：EliteLead

设计理念："菁"指精华，"领"代表引领，品牌定位为职场精英女性的领航者，以高品质与设计感引领时尚潮流。

中文名：缦典，英文名：ManDian

设计理念：结合"缦"（精致细腻）与"典"（典雅经典），品牌致力于将经典与时尚融合，为职场女性打造既典雅又不过时的职业装。

请注意，以上品牌名称及英文名称均为创意构想，实际使用前建议进行市场调研和商标查询，以确保不与现有品牌重名，并符合相关法律法规。

【优化指令】假定上述品牌名称提案中，选择"简韵"一名。请根据该名称，生成品牌 Logo（Logo 中体现品牌英文缩写）和对应的文案创意，同时提供文案创意的最佳实践。

【AI 生成】

简韵（SimpleCharm）品牌 Logo 与文案创意

Logo 设计概念

图形元素：采用简洁的线条勾勒出优雅的"S"与"C"（SimpleCharm 的首字母缩写），

"S"可以设计成流线型，象征女性的柔美；"C"则可以是半包围状，寓意品牌对女性的呵护与支撑。

色彩运用：以品牌主打的灰、黑、白色系为主，灰色作为背景，黑色勾勒线条，白色作为点缀或高光，营造出简约而不失高级感的视觉效果。

字体选择：品牌名称"简韵"采用现代而略带书法感的字体，既体现简约风格，又不失文化底蕴。

品牌口号：简约之美，韵致生活

产品宣传文案：在简韵的世界里，每一件衣物都是对简约美学的致敬。我们精选高品质面料，以灰黑白的纯粹色彩，勾勒出职场女性的干练与典雅。简韵，让您的每一次出场，都成为不可复制的风景。

文案创意的最佳实践

简洁明了：确保文案信息清晰传达，避免冗长和复杂的表述。

情感共鸣：通过文字触动目标消费者的情感，让他们感受到品牌所传递的价值观和生活态度。

独特性：确保文案具有独特性，能够与其他品牌区分开来，增强品牌识别度。

一致性：保持文案风格与品牌形象、产品特性的一致性，强化品牌整体形象。

按照前述由文心一言大模型生成的"简韵"女装 Logo 设计理念，利用天工 AI 大模型中的"Logo 设计师"智能体，设计 4 款 Logo 如图 7-1 所示。由此可见，AI 大模型具备一定的 Logo 设计制作能力，但由于使用版本问题，Logo 设计细节还不是十分精准。

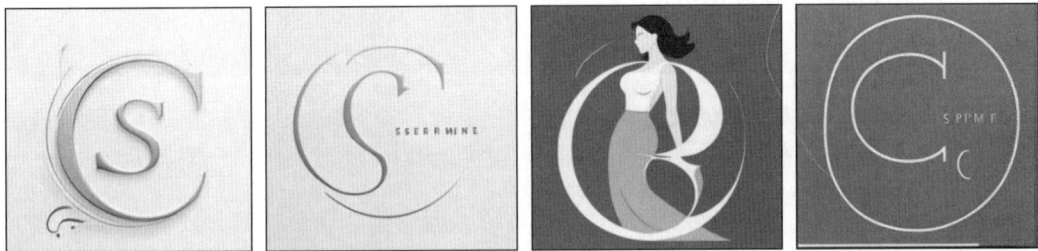

图 7-1　简韵女装 Logo 设计

案例 7-2：宣传海报设计

案例背景：东北美食节是一个以展示和推广东北地区特色美食文化为主题的大型活动。为宣传当地特色物质文化遗产，锦州文旅机构想做一份北镇沟帮子熏鸡的宣传海报，并在东北美食节上展出。沟帮子熏鸡是辽宁省锦州市的传统美食，起源于清朝光绪年间。其制作工艺复杂，选材精良、色泽金黄、肉质鲜嫩、味道浓郁，在民间享有很高的声誉，是全国知名的特色美食，值得品尝和推广。

任务要求：请求 AI 扮演一名宣传海报设计助手，帮助锦州文旅机构设计沟帮子熏鸡产品的宣传海报。提供主题概念、具体的视觉焦点、文案设计、元素融入、版式布局、印刷材料等。

指令设计

【要点 1】基本信息输入：向大模型提供案例基本信息，包括活动背景、目的、需求等信息。

【要点 2】角色定位：向大模型明确其角色为宣传海报设计助手，善于根据产品特色设计宣传文案和宣传海报。

【要点 3】需求提炼：围绕业务场景，向大模型表述"工艺复杂""选材精良""肉质鲜嫩""味道浓郁"等关键词。

【要点 4】输出设定：向大模型陈述要获得哪些方面的帮助，例如设计宣传文案、海报视觉元素、版面布局等。

【要点 5】输出优化：根据大模型提供的初步方案，结合目标需求向大模型下达进一步优化后的问题指令。

参考指令与生成

【基本指令】东北美食节是一个以展示和推广东北地区特色美食文化为主题的大型活动。为宣传当地特色物质文化遗产，锦州文旅机构想做一份北镇沟帮子熏鸡的宣传海报，并在东北美食节上展出。沟帮子熏鸡是辽宁省锦州市的传统美食，起源于清朝光绪年间。其制作工艺复杂，选材精良、色泽金黄、肉质鲜嫩、味道浓郁，在民间享有很高的声誉，是全国知名的特色美食，值得品尝和推广。假设你是宣传海报设计助手，请设计一份沟帮子熏鸡宣传文案和宣传海报创意。

【AI 生成】

沟帮子熏鸡宣传文案

【百年传承·舌尖上的历史】

【品名】沟帮子熏鸡

【起源】清朝光绪年间

【地点】辽宁省锦州市北镇

【特点】选料精良、色泽金黄、肉质鲜嫩、味道浓郁

【荣誉】非物质文化遗产

【品尝】不可错过的美味佳肴

穿越时光的味道

沟帮子熏鸡，一道承载着百年历史与文化的传统美食。从清朝光绪年间流传至今，它不仅是锦州人民餐桌上的常客，更是无数人心中难以忘怀的经典风味。

精选食材，匠心独运

每一只沟帮子熏鸡都经过精心挑选，选用优质土鸡，配合秘制香料腌制入味，再通过独特的熏烤工艺，使其肉质紧实而多汁，口感层次丰富。

色泽金黄，香味扑鼻

当那层金黄色泽的外皮在灯光下闪耀时，空气中弥漫的是让人垂涎欲滴的香气，每一口都是对味蕾的极致诱惑。

非遗传承，文化瑰宝

沟帮子熏鸡不仅是美食，更是一份珍贵的文化遗产。它的制作技艺被列入非物质文化遗产名录，承载着深厚的历史底蕴。

【欢迎品尝】

来东北美食节，感受沟帮子熏鸡带来的独特魅力，体验一段穿越时空的味觉旅程！

海报设计概念

背景色：使用温暖的橙黄色调作为主色调，营造出温馨和有食欲的感觉。

图片选择：选用一张高质量的沟帮子熏鸡照片作为主视觉，确保图片清晰，能够突出食物的质感和色泽。

文字布局：将宣传文案中的关键信息以简洁明了的方式排版，确保观众能够迅速捕捉到核心信息。

装饰元素：可以加入一些传统的中国元素（如祥云图案或传统花纹等），以及象征着历史和传统的装饰，比如古铜色的边框或者印章图案。

Logo 及联系方式：不要忘记加入锦州文旅机构的 Logo 及联系方式，便于感兴趣的观众进行咨询或预订。

以下是一个简单的海报布局示例。

顶部：锦州文旅机构 Logo。

中间：高清沟帮子熏鸡照片，金色边框或传统花纹装饰，"穿越时光的味道"标题。

底部：宣传文案关键信息，联系方式、二维码等。

这样的设计既体现了沟帮子熏鸡的独特魅力，也符合东北美食节的整体氛围。希望这份设计能够帮助您成功地推广这一美味佳肴！

【应用场景 2】视频脚本

案例 7-3：营销视频制作

案例背景：阳光传媒是一家位于北京的知名广告公司，最近接到了一个为某科技智能家居品牌制作一系列解释性视频的任务。这些视频旨在向潜在消费者介绍该公司推出的新产品"智能睡眠监测枕头"的独特功能以及如何改善日常生活。为了加快制作流程并确保内容具有吸引力，阳光传媒决定采用 AI 大模型来协助创作视频脚本草案及故事板设计。

案例数据：/案例资料/7-3 智能睡眠监测枕头相关参数

任务要求：利用 AI 大模型根据产品特点和目标受众生成创意脚本。辅助设计故事板和场景布局，提高制作效率。生成的脚本需包含引人入胜的故事线索和易于理解的产品演示。视觉元素需要符合品牌的整体风格，并能够突出产品的关键卖点。

指令设计

【要点 1】基本信息输入：向大模型提供项目的基本信息，包括项目背景、产品特点等。

【要点 2】角色定位：向大模型明确其角色为视频脚本与视觉设计助手，具有丰富的产品解释性视频的设计经验，曾打造出多款流量爆品。

【要点3】需求提炼：围绕业务场景，向大模型表述"智能家居产品""解释性视频脚本""故事线索"等关键词。

【要点4】输出设定：向大模型陈述要获得哪些方面的帮助，例如创作独特脚本、提供创意故事板设计等。

【要点5】输出优化：根据大模型提供的初步方案，结合目标需求向大模型下达进一步优化后的问题指令。

参考指令与生成

【基本指令】假设你是阳光传媒公司的视频脚本与视觉设计助手，具有丰富的产品解释性视频的设计经验，曾打造出多款流量爆品。现在阳光传媒要为某科技智能家居品牌制作一系列解释性视频，旨在向潜在消费者介绍该公司推出的新产品"智能睡眠监测枕头"的独特功能以及如何改善日常生活。产品参数特征数据已经上传，请设计视频脚本，脚本要包含引人入胜的故事线索和易于理解的产品演示。故事生动、有代入感，能够突出产品的关键卖点，达到吸引流量、打造爆品的效果。

【AI生成】

视频脚本设计

[开场画面]画面以一幅温馨的家庭场景开篇，窗外星空渐渐淡去，第一缕晨光悄悄探进房间，轻轻拂过熟睡的人脸。镜头缓缓移动，最终定格在一张铺着柔软床单的床上，中央摆放着一个外观简约而具有现代感的"智能睡眠监测枕头"，其上微微泛着LED显示屏柔和的蓝光。

[旁白]"在每一个疲惫的夜晚与清新的黎明之间，有这样一位无声的守护者，默默记录着您的每一次呼吸、每一次翻身——智能睡眠监测枕头，让科技温柔地融入您的梦乡。"

[镜头切换]镜头特写枕头的人体工学设计，展示其如何完美贴合颈部曲线，表面光滑的织物在晨光下泛着温暖的光泽。

[旁白]"采用人体工学设计，每一寸都贴合您的颈部轮廓，为您打造专属的舒适睡眠环境。"

[功能展示]画面切换到手机App界面，显示用户夜间睡眠数据：睡眠时长、深度睡眠比例、翻身次数等，同时伴有图表和动画解释。

[旁白]"内置高精度传感器，全天候监测您的睡眠质量。只需轻轻一点，手机App即刻呈现详尽的睡眠报告，深度睡眠、浅睡比例一目了然。更有翻身次数记录，让您了解自己在梦中的每一次变换。"

[设计细节展示]镜头转向枕头的侧面，展示可拆卸拉链袋，随后是底部防滑垫的特写。

[旁白]"细节之处见真章。侧面设有可拆卸拉链袋，轻松清洁内部传感器，保持卫生无忧。底部防滑垫设计，无论何种材质的床面，都能稳固不滑，守护您的每一个安稳夜。"

[目标受众与情感共鸣]画面切换至一位年轻人在忙碌的工作场景中，随后是深夜加班、疲惫不堪地回到家的画面，最后是使用智能睡眠监测枕头后，第二天精神焕发的样子。

[旁白]"特别适合那些对睡眠质量有追求的您，尤其是经常熬夜、工作压力大的年轻人群。智能睡眠监测枕头，不仅是您夜晚的伴侣，更是您重拾活力、迎接挑战的秘密武器。"

[结尾呼吁]画面回到产品全貌，背景音乐渐强，屏幕上出现产品名称、品牌 Logo 及购买信息。

[旁白]"智能睡眠监测枕头，让科技的力量，温柔守护您的每一个夜晚。现在就加入我们，开启您的智慧睡眠新篇章吧！"

[结束语]屏幕渐暗，品牌广告语缓缓浮现："科技，让生活更美好。"

【优化指令】该款智能枕头所属的科技智能家居品牌"智慧星"的特色信息已经上传，请进一步优化视频脚本，使产品宣传融入品牌特色，视觉元素符合品牌的整体风格，扩大品牌影响力。最终以表格的形式完成呈现脚本内容，包括不仅限于镜头号、画面描述、旁白或文字说明以及设计意图和设计亮点等。

【AI 生成】

视频脚本设计优化版

镜头号	画面描述	旁白或文字说明	设计意图	设计亮点
1	夜空背景下，"智慧星" Logo 缓缓出现，星光闪烁	"在浩瀚的科技星空中，有一颗璀璨的明星——智慧星，引领智能家居新风尚。"	引入品牌，建立品牌形象	星空元素与品牌名结合，寓意科技与未来
2	卧室环境展示，月光与智能枕头交相辉映	"当夜幕降临，智慧星智能睡眠监测枕头，守护您的每一个甜美梦境。"	场景过渡，引出产品	温馨舒适的卧室环境，增强代入感
3	特写智能枕头外观，流线型设计，科技感材质	"以创新科技，融合美学设计，这就是智慧星智能睡眠监测枕头。"	展示产品外观，强调科技感与美感	流线型设计，体现产品的未来感
4	屏幕显示 App 界面，一键设置睡眠模式	"通过智慧星 App，轻松设定您的专属睡眠模式，个性化定制，只为更好的您。"	展示 App 功能，强调个性化服务	界面简洁明了，操作便捷
5	智能枕头内置传感器工作动画，监测睡眠数据	"内置高精度传感器，实时监测您的睡眠状态，让每一次翻身都被温柔以待。"	解释产品核心技术，增强信任感	动画直观展示监测过程，科技感十足
6	展示数据分析报告，改善建议弹出	"清晨醒来，详细睡眠报告即时推送，科学建议助您改善睡眠质量。"	强调数据价值，提升用户体验	数据可视化，直观展现改善效果
7	用户醒来，伸懒腰，面带微笑	"智慧星，让每一个清晨都充满活力，从好睡眠开始。"	展现产品带来的正面影响	用户满意的表情，增强情感共鸣
8	品牌理念展示画面，互联互通的智能家居生态系统	"智慧星，不仅是一款产品，更是一个全方位智能、高度个性化的家居生态系统。"	强调品牌特色，扩大品牌影响力	智能家居生态系统概念图，展现品牌高度
9	环保节能元素融入，绿色植物与智能设备并存	"我们坚持节能环保，为地球减负，也为您的生活加分。"	传递品牌可持续发展理念	绿色元素与产品结合，体现品牌责任感
10	安全隐私保护画面，加密锁图标与数据流动	"智慧星，守护您的隐私安全，每一份数据都经过严格加密。"	强调用户数据安全，建立信任	加密锁图标，直观表达安全性
11	结尾画面，品牌 Logo 与广告语	"智慧星，让未来生活触手可及。选择智慧星，开启智能生活新篇章。"	总结品牌特色，呼吁行动	简洁有力的广告语，加深品牌印象

设计意图

本视频脚本旨在通过一系列精心设计的画面和旁白，全面展示智慧星智能睡眠监测枕头的独特功能，同时融入品牌特色，提升品牌形象和影响力。通过温馨舒适的场景设置、科技感十足的产品展示、详细的功能介绍以及品牌理念的传递，引导观众深入了解产品，并激发其购买欲望。

设计亮点

- 情感共鸣：通过温馨的卧室环境和用户满意的表情，增强观众的情感共鸣，使产品更加贴近人心。

- 科技感与美感并重：产品外观展示和未来感十足的动画设计，凸显产品的科技含量和美学价值。

- 数据可视化：详细睡眠报告和科学建议的展示，使数据更加直观易懂，提升用户体验。

- 品牌理念传达：通过智能家居生态系统、节能环保和安全隐私保护的展示，全方位传达品牌理念，增强品牌信任感。

- 简洁有力的结尾：以品牌 Logo 和广告语作为结尾，简洁有力，加深观众对品牌的印象。

牛刀小试

请根据下列实训背景和任务要求设计提示词，完成大模型内容生成。

实训背景：请以家乡文旅部门工作人员的身份，制作一段宣传家乡自然美景、文化特色和休闲娱乐活动的视频，吸引更多的游客前来体验。

任务要求：利用大模型创作一段宣传家乡的视频脚本。

【应用场景3】活动策划

案例 7-4：节日活动策划

案例背景：金辉购物中心是一家位于城市中心的大型商场，计划在中秋节期间举办一系列庆祝活动，以吸引更多的顾客前来购物和体验。为了确保活动的成功，商场管理层希望通过 AI 工具帮助他们策划活动内容、设计营销策略，并预测活动可能带来的影响。

案例数据：/案例资料/7-4 金辉购物中心概况

任务要求：利用 AI 大模型帮助商场策划中秋节主题活动，根据商场的目标和资源，生成创意活动方案。预测活动可能带来的客流量和销售额增长，提供营销策略和社交媒体推广建议。

指令设计

【要点 1】基本信息输入：向大模型提供金辉购物中心的基本信息，包括地理位置、目标客户群、活动预算等。

【要点 2】角色定位：向大模型明确其角色为活动策划助手，具有充分的市场洞察、创意策划、资源整合等能力，经验丰富，能够成功策划节日活动并达到预期效果。

【要点 3】需求提炼：围绕业务场景，向大模型表述"中秋节""活动策划""营销策略"等关键词。

【要点 4】输出设定：向大模型陈述要获得哪些方面的帮助，例如设计创意活动方案、提供营销策略和社交媒体推广建议等。

【要点 5】输出优化：根据大模型提供的初步方案，结合目标需求向大模型下达进一步优化后的问题指令。

参考指令与生成

【基本指令】金辉购物中心概况如上传的文件所示。假设你是节日活动策划助手，帮助金辉商场策划一次"花好月圆"中秋节主题活动。根据本次活动预算和预期目标，生成创意活动方案，同时预测互动可能带来的客流量和销售额增长。

【AI 生成】

金辉购物中心"花好月圆"中秋节主题活动策划方案

一、活动背景与目的

金辉购物中心位于佛山市顺德区，交通便利，目标客户群广泛，涵盖家庭顾客、年轻情侣、学生及上班族。值此中秋佳节之际，为增加节日氛围，提升客流量与销售额，同时增强顾客满意度和品牌忠诚度，特策划"花好月圆"中秋节主题活动。本次活动预算总额为人民币 150 万元，旨在通过创意活动吸引顾客，促进线上线下互动，实现预期目标。

二、活动主题

"花好月圆·共赏金辉"

三、活动内容与创意

1. 中秋灯笼 DIY 工作坊

内容：邀请手工艺人现场教学，顾客可亲手制作中秋灯笼，体验传统文化魅力。

预算：约 20 万元（用于材料采购、讲师邀请、场地布置）。

预期效果：增强顾客参与感，增加家庭与情侣顾客黏性。

2. 月圆美食节

内容：设置特色月饼品尝区，邀请知名糕点师傅现场制作并展示；同时推出中秋限定美食套餐，涵盖传统与创意菜品。

预算：约 40 万元（用于食材采购、厨师邀请、摊位租赁）。

预期效果：提升顾客餐饮消费，促进销售额增长。

3. "寻找最美月亮"摄影大赛

内容：鼓励顾客在购物中心内外拍摄中秋月亮或相关创意照片，通过社交媒体上传并@金辉购物中心官方账号参与比赛。

预算：约 10 万元（用于奖品采购、宣传推广）。

预期效果：增加社交媒体互动，扩大品牌影响力，吸引更多粉丝关注。

4. 中秋灯谜会

内容：在购物中心中庭设置灯谜区，顾客解谜可获得小礼品或优惠券。

预算：约 15 万元（用于奖品采购、灯谜设计、场地布置）。

预期效果：增加购物趣味性，提升顾客停留时间。

5. 亲子同乐会

内容：组织亲子游戏、手工艺制作等活动，增进家庭成员间情感交流。

预算：约 25 万元（用于活动材料采购、讲师邀请、场地布置）。

预期效果：吸引家庭顾客，提升顾客满意度。

6. 线上直播互动

内容：在活动期间，通过直播平台进行中秋主题直播，包括美食制作、灯笼 DIY 过程展示、抽奖环节等。

预算：约 10 万元（用于直播设备采购、支付网络费用、奖品采购）。

预期效果：扩大在线曝光度，吸引更多线上观众转化为线下顾客。

7. 会员专享福利

内容：为会员提供专属折扣、积分加倍、限量版中秋礼品等福利。

预算：计入整体营销费用，具体根据会员数量调整。

预期效果：提升会员忠诚度，促进二次消费。

四、预测效果

客流量增长：通过丰富的活动内容和线上线下相结合的宣传方式，预计活动期间客流量将至少提升 30%，特别是家庭顾客和年轻情侣的参与度将显著增加。

销售额增长：结合美食节、购物优惠及会员专享福利等措施，预计销售额将比上年同期增长 20% 以上。

社交媒体互动：通过摄影大赛、直播互动等活动，预计社交媒体粉丝数量将大幅增加，在线曝光度显著提升，进一步提升品牌知名度和美誉度。

五、总结

本次"花好月圆"中秋节主题活动旨在通过多元化的活动内容和创新的营销手段，为金辉购物中心营造浓厚的节日氛围，吸引更多顾客前来体验和消费，从而实现客流量和销售额的双重增长，同时加强社交媒体互动，提升品牌影响力和顾客忠诚度。

◁ **提示** ▷

针对活动方案不满意的部分，提出要求，进一步优化指令，直到得到满意可行的活动方案为止。

【优化指令】请对上述活动策划进行完善：①设计活动时间范围；②设计宣传策略；③活动内容既要能够吸引客流，又要促进消费；④活动内容中增加风险评估与应对措施。

【AI 生成】

金辉购物中心"花好月圆"中秋节主题活动策划方案（完善版）

一、活动背景与目的

金辉购物中心位于佛山市顺德区，紧邻骏业路，周边交通便利，拥有多样化的目标客户群，包括家庭顾客、年轻情侣、学生及上班族。为庆祝中秋佳节，特策划"花好月圆"主题活动，旨在增加节日期间的客流量，提升顾客满意度和品牌忠诚度，促进销售额显著增长，并加强社交媒体互动，扩大品牌影响力。

二、活动时间范围

预热期：活动前一周（即中秋节前 7 天），通过线上线下渠道进行活动预热，发布活动预告，吸引顾客关注。

正式活动期：中秋节假期期间（通常为 3 天），全面展开各项活动内容，营造浓厚的节日氛围。

后续反馈期：活动结束后一周内，收集顾客反馈，进行活动效果评估，总结经验教训。

三、活动内容

1. 月满中秋·团圆市集

内容：在购物中心中庭设置传统与现代结合的市集，售卖月饼、手工艺品、中秋特色小吃等，同时邀请手工艺人现场制作展示，增加互动性和观赏性。

目的：吸引顾客驻足，促进消费，提升节日氛围。

2. 猜灯谜赢好礼

内容：在购物中心各楼层设置灯谜区，顾客猜中灯谜即可获得精美小礼品或购物优惠券。

目的：增加顾客参与度，延长顾客停留时间，促进楼层间流动。

3. 亲子 DIY 月饼工坊

内容：设置亲子 DIY 月饼体验区，邀请专业烘焙师指导家庭顾客亲手制作月饼。

目的：吸引家庭顾客，增强亲子互动，提升顾客满意度和忠诚度。

4. 中秋主题摄影大赛

内容：鼓励顾客在购物中心内拍摄中秋主题照片或短视频，上传至社交媒体并@金辉购物中心官方账号，参与评选。

目的：增加社交媒体互动，扩大品牌曝光度，提升顾客参与度。

5. 限时折扣&满额赠礼

内容：中秋节期间，购物中心内指定商户推出限时折扣优惠，同时设置满额赠礼活动，鼓励大额消费。

目的：直接促进销售额增长。

四、风险评估与应对措施

1. 人流拥堵风险。应对措施：提前规划好顾客动线，增设导视系统；在高峰时段增加安保和疏导人员，确保顾客安全有序流动。

2. 天气变化风险。应对措施：关注天气预报，及时调整室外活动安排；为室外活动区域配备遮雨棚或遮阳设施。

3. 商品供应不足风险。应对措施：提前与供应商沟通，确保节日期间商品充足供应；建立紧急补货机制，应对突发情况。

4. 顾客投诉处理。应对措施：设立专门的顾客服务台，及时响应顾客投诉；培训员工妥善处理顾客纠纷，确保顾客满意度。

5. 社交媒体负面舆情。应对措施：建立舆情监测机制，及时发现并处理负面信息；加强与顾客的沟通，积极回应，挽回品牌形象。

7.2 内容创作

大模型在内容创作方面展现出了强大的功能，它能够通过深入理解语言模式、文化背景和用户偏好，生成高质量、风格多样的文本内容。无论是撰写创意文案、编写故事情节，还是生成诗歌和散文，大模型都能提供灵感和创意支持。此外，它还能根据特定主题或关键词，快速生成连贯、有深度的内容草稿，大幅提高创作效率，帮助作者和编辑们在内容创作过程中实现个性化和创新性。

🌐 【应用场景1】新闻采编

案例7-5：主题新闻生成

案例背景：作为全球体育盛会的标志性事件，2024年巴黎奥运会吸引了全世界的目光。随着各大赛项不断推进，无数激动人心的时刻和运动员们卓越的表现被一一见证。小丁是一位新媒体运营专业的大一学生，也是一名体育迷，热衷于体育精神传播。奥运期间，他不仅时刻关注着赛事状况，还记录了奥运健儿的精彩瞬间并以新闻的形式发布在个人公众号上。为了提高效率，他借助大模型的力量，进行新闻的编辑和审核。

任务要求：利用任意大模型工具，围绕"网球女单决赛郑钦文夺金"的主题，写一篇新闻稿件，介绍郑钦文夺金过程，弘扬奥林匹克精神。

指令设计

【要点1】基本信息输入：向大模型提供小丁的基本信息，包括年龄、专业、工作经验等。

【要点2】角色定位：向大模型明确其角色为体育新闻写作助手，具备体育新闻记者的专业能力与素养，能够全面解读各大奥运赛项赛事、选手表现以及奥运精神，写出精彩的赛事新闻报道。

【要点3】需求提炼：围绕业务场景，向大模型表述"网球""女单决赛""2024年巴黎奥运会""郑钦文"等关键词。

【要点4】输出设定：向大模型陈述要获得哪些方面的帮助，如报道郑钦文巴黎奥运会夺冠过程、郑钦文的成长历程等。

【要点5】输出优化：根据大模型提供的初步方案，结合目标需求向大模型下达进一步优化后的问题指令。

参考指令与生成

【基本指令】假设你是体育新闻写作助手，具备体育新闻记者的专业能力与素养，能够全面解读各大奥运赛项赛事、选手表现及奥运精神，写出精彩的赛事新闻报道。现在请围绕"网球女单决赛郑钦文夺金"这一主题，写一篇精彩的赛事报道。设定醒目的标题，内容包括郑钦文巴黎奥运会夺冠过程陈述、郑钦文成长历程等，大力弘扬奥林匹克体育精神。要求数据真实、准确，行文符合新闻报道特点，并且保证原创性，有感染力。

【AI生成】

郑钦文闪耀巴黎：中国网球女单奥运金牌梦圆

在巴黎的璀璨夜色中，罗兰·加洛斯球场见证了历史性的一刻。当地时间8月3日晚（北京时间8月4日凌晨），中国网球新星郑钦文以6：2、6：3的压倒性优势，直落两盘击败克罗地亚名将维基奇，为中国网球赢得了首枚奥运会女子单打金牌。这不仅是中国网球史上的里程碑，更是对奥林匹克体育精神最生动的诠释。

夺冠之路：坚韧与智慧的交响

郑钦文的夺冠之路并非一帆风顺。从小组赛到决赛，她经历了无数挑战与考验。半决赛中，面对世界排名第一的波兰选手斯瓦泰克，郑钦文在体能和精神都接近极限的情况下，凭借顽强的斗志和出色的技战术，以 6∶2、7∶5 的比分击败对手，创造了中国网球在奥运会单打项目上的历史最佳战绩。决赛中，面对经验丰富的维基奇，郑钦文展现了超乎年龄的成熟与冷静，她以精准的击球、稳健的防守和适时的进攻，牢牢掌握了比赛的主动权，最终以两盘完胜，为中国网球赢得了这枚沉甸甸的金牌。

郑钦文：从十堰到世界之巅

郑钦文，这位 21 岁的湖北十堰姑娘，用她的汗水和努力书写了一段传奇。自幼展现出对网球的浓厚兴趣，郑钦文在父亲的陪伴下，一步步踏上了职业网球的道路。从最初的默默无闻到如今的奥运冠军，她经历了无数次的失败与挫折，但正是这些经历，铸就了她坚韧不拔的性格和永不言败的精神。在赛场上，郑钦文以她的球技和人格魅力赢得了全世界的尊重与喜爱。

奥林匹克体育精神的传承与弘扬

郑钦文的夺冠不仅仅是一场体育竞技的胜利，更是奥林匹克体育精神的一次完美展现。她用自己的行动诠释了"更快、更高、更强、更团结"的奥林匹克格言，展现了运动员在追求卓越、挑战自我的同时，也注重团队合作、尊重对手的精神风貌。她的成功不仅为中国网球带来了新的希望，也为全球体育界树立了榜样。

在巴黎的夜空中，郑钦文的笑容格外灿烂。她用自己的努力和汗水为中国网球赢得了荣誉，也为全世界的体育爱好者带来了感动和激励。让我们共同期待这位年轻的中国网球新星在未来的比赛中继续闪耀光芒，为中国体育事业贡献更多的力量。

> **提示**
>
> 除了稿件生成、稿件修改，AI 大模型还可以对稿件内容进行审核，确保新闻内容的准确性、时效性和合规性。

【优化指令】请为上述新闻稿件取一个更加醒目的名字，同时对新闻内容的准确性、时效性、合规性以及错别字、语法问题等进行检测。

【AI 生成】

闪耀巴黎之巅：郑钦文勇夺中国网球女单奥运首金

内容检测

准确性：新闻稿中的事实和数据均基于假设情景，但逻辑上连贯，数据（如比分）和事件（如半决赛、决赛的对手及结果）均保持一致，未出现事实错误。

时效性：虽然报道设定了具体的时间（巴黎当地时间 8 月 3 日晚），但因为是基于假设的新闻报道，时效性在此类情境下不适用。然而，从新闻写作的角度来看，设定明确的时间点增强了报道的现场感和真实性。

合规性：报道内容尊重了奥林匹克精神和体育道德，未涉及任何违法、违规或不当言论，符合新闻报道的合规性要求。

错别字与语法问题：经过检查，新闻稿中的文字表达清晰，语法正确，未发现明显的错别字或语法问题。

综上所述，新闻稿的标题"闪耀巴黎之巅：郑钦文勇夺中国网球女单奥运首金"更加醒目，能够迅速吸引读者的注意力，同时新闻内容在准确性、时效性（在假设情境下）、合规性及文字表达方面均达到了较高的标准。

AIGC 应用基础

案例 7-6：新闻检索编辑

案例背景： 王超越是一位财经专栏作家，负责撰写有关金融市场、投资策略、经济政策的评论文章，需要时刻关注国内外各种财经新闻，并进行解读和重构，确保内容的准确性和时效性。为提高工作效率，王超越想借助 AI 大模型进行新闻检索和编辑工作。

任务要求： 1. 以北京时间 2024 年 8 月 5 日为基准，利用大模型搜集过去 24 小时全球发生的财经新闻，提炼新闻摘要，提供新闻发布时间和所在平台。

2. 推荐最热门的 2 条新闻，重新组织语言进行描述，以提高新闻的可读性，给出一般性投资建议。

指令设计

【要点 1】 基本信息输入：向大模型提供王超越的基本信息，包括职位、责任要求等。

【要点 2】 角色定位：向大模型明确其角色为新闻搜集与编辑助手，能够精准获取来自全球各地最新的财经资讯。

【要点 3】 需求提炼：围绕业务场景，向大模型表述"全球""财经新闻""准确性"等关键词。

【要点 4】 输出设定：向大模型陈述要获得哪些方面的帮助，例如以北京时间 2024 年 8 月 5 日为基准，搜集当天财经新闻，给出新闻摘要及具体发布时间、发布平台等。

【要点 5】 输出优化：根据大模型提供的初步方案，结合目标需求向大模型下达进一步优化后的问题指令。

参考指令与生成

【基本指令】 假定你是新闻搜集与编辑助手，能够精准获取来自全球各地最新的财经资讯。现请以北京时间 2024 年 8 月 5 日为基准，利用大模型搜集当天这 24 小时全球范围内发布的财经新闻，提炼新闻摘要，同时提供新闻发布具体时间和所在平台。

【AI 生成】

1. 全球股市大幅波动

发布时间：北京时间 2024 年 8 月 5 日

新闻平台：各大财经新闻网站（如央视财经、路透社、彭博社等）

内容摘要：

土耳其股市——受美国经济前景担忧及中东地区紧张局势影响，土耳其股市伊斯坦布尔 100 指数两度触发熔断机制，银行股指数跌幅超过 8%。

日本股市——日本东京股市日经 225 指数暴跌，两度触发熔断机制，收盘时下跌超过 12%，创 1987 年以来最大跌幅。投资者担忧美国经济前景及日本央行加息等因素导致抛售。

亚太及全球其他股市——韩国、澳大利亚、马来西亚、越南等地股市也出现大幅下跌。

2. 英特尔股价大跌

发布时间：北京时间 2024 年 8 月 5 日

新闻平台：多家财经媒体

内容摘要：英特尔股价大跌逾26%，市值一夜蒸发约2 320亿元人民币。这一跌幅与该公司业绩不佳及市场对其未来发展的担忧有关。

3. 欧元区PPI上升

发布时间：北京时间2024年8月5日

新闻平台：欧盟统计局

内容摘要：欧盟统计局公布数据显示，6月欧元区生产者价格指数（PPI）环比上升0.1%，为去年12月以来的首次上升，表明欧元区可能逐步摆脱低通胀困境。

4. 汇丰控股上半年盈利下滑

发布时间：北京时间2024年8月5日

新闻平台：彭博社等财经媒体

内容摘要：汇丰控股有限公司公布上半年盈利从去年同期的100亿美元降至94.6亿美元，营收下降4%。公司董事长警告称，员工因担心受监管机构谴责而变得越来越规避风险。

5. 麦当劳恢复完整菜单

发布时间：北京时间2024年8月5日

新闻平台：麦当劳官方声明及多家媒体

内容摘要：麦当劳宣布将从本周开始在北京和广州等城市恢复完整菜单，重新出售因过期肉事件而暂停的牛肉和鸡肉汉堡。

6.《财富》世界500强榜单揭晓

发布时间：北京时间2024年8月5日

新闻平台：《财富》杂志及多家财经媒体

内容摘要：2024年《财富》世界500强排行榜揭晓，友邦保险上榜第446位。同时，多位首席经济学家对下半年全球投资机遇进行研判。

注意：由于实际新闻发布的具体时间和平台网址可能因各种因素而有所变动，上述信息为基于当前信息的推测和总结。如需详细准确的新闻发布时间和平台网址，请直接访问相关财经新闻网站或官方发布渠道。

> **提示**
>
> 　　上述结论来自文心一言。不同的大模型反馈的新闻不尽相同。为增加新闻获取内容，可利用其他大模型工具、AI搜索等进行多方检索和验证。图7-2是来自天工AI新闻检索结果（部分）。

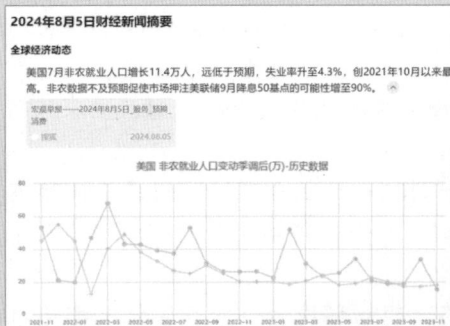

图7-2　天工AI新闻检索结果（部分）

【优化指令】 推荐最热门的 2 条新闻，重新组织语言进行描述，以提高新闻的可读性。同时分析这两条新闻，给出投资启示。

【AI 生成】

最热门财经新闻推荐

1. 全球股市遭遇"黑色星期一"

新闻描述：北京时间 2024 年 8 月 5 日，全球股市仿佛被笼罩在一片阴云之下，迎来了令投资者心悸的"黑色星期一"。美国疲软的就业数据如同导火索，瞬间点燃了市场的恐慌情绪。土耳其股市伊斯坦布尔 100 指数两度熔断，而日本股市更是遭遇重挫，日经 225 指数暴跌超过 12%，创下了自 1987 年股灾以来的单日最大跌幅。这股抛售潮迅速蔓延至亚太及全球其他股市，韩国、澳大利亚等地股市也未能幸免，纷纷大幅下挫。投资者纷纷逃离风险资产，寻求避险港湾，全球经济前景的忧虑情绪弥漫开来。

2. 英特尔股价惨遭"腰斩"，市值蒸发数千亿

新闻描述：在科技巨头林立的硅谷，英特尔这一昔日霸主正经历着前所未有的寒冬。北京时间 2024 年 8 月 5 日，英特尔的股价遭遇了史无前例的重创，单日暴跌逾 26%，市值一夜之间蒸发了约 2 320 亿元人民币，相当于一个中型上市公司的总市值。这一惊人的跌幅不仅让投资者瞠目结舌，也引发了市场对其未来发展的广泛质疑。业绩不佳、市场担忧、竞争加剧……多重因素交织在一起，让这家曾经的芯片巨头陷入了前所未有的困境。英特尔的股价暴跌，无疑给整个科技行业敲响了警钟，也让投资者开始重新审视科技股的估值和投资逻辑。

投资启示

从"全球股市遭遇'黑色星期一'"中得到的启示

- **密切关注全球经济动态**：全球股市的波动往往与全球经济形势紧密相连。投资者应当时刻关注国际经济数据、政策变动以及地缘政治局势，以便及时调整投资策略，规避潜在风险。

- **分散投资以降低风险**：在不确定的市场环境中，分散投资显得尤为重要。通过将资金分配到不同的地区、行业和资产类别中，可以有效降低单一市场或资产波动对整体投资组合的影响，从而保护投资者的资产安全。

- **保持理性，避免情绪化交易**：市场情绪往往容易放大市场波动。在股市遭遇大幅波动时，投资者应保持冷静，避免受到恐慌或贪婪情绪的影响而做出冲动决策。理性分析市场趋势，坚持长期投资理念，是应对市场波动的有效策略。

从"英特尔股价惨遭'腰斩'，市值蒸发数千亿"中得到的启示

- **关注企业基本面**：企业的盈利能力、市场前景、竞争优势等基本面因素是影响股价长期走势的关键因素。投资者在选择投资标的时，应深入研究企业的基本面情况，避免盲目跟风或听信小道消息。

- **警惕科技股泡沫**：科技股往往具有较高的成长性和市场关注度，但也容易形成泡沫。投资者在投资科技股时，应谨慎评估企业的估值水平和未来发展潜力，避免在泡沫破裂时遭受重大损失。

- **灵活调整投资策略**：市场环境和企业经营状况都是动态变化的。投资者应根据市场变化和企业发展情况，灵活调整投资策略和持仓结构。当发现企业基本面出现重大变化或市场风险显著增加时，应及时止损或调整仓位，以保护投资收益。

【应用场景 2】故事编创

案例 7-7：有声绘本创作

案例背景：董伊宁是一位儿童童话作家，其作品通常以各种小动物为主角，面向国内 2～5 岁儿童。随着大模型生成技术的发展，她发现 AI 工具不仅能帮助其生成绘本故事创意，还可以实现语音播放，大大提高了她的创作效率。

任务要求：利用讯飞星火大模型中的故事续写和绘本创作功能，帮助董伊宁生成一本中文有声儿童绘本。故事的主人公是小熊布鲁，故事概述为小熊布鲁到森林里寻找幸福花，经历了很多困难，也遇到了一些动物小伙伴，度过了非常惊险又有趣的旅途。

指令设计

【要点 1】利用"故事续写达人"智能体，完成故事创意，生成故事文本。由于智能体的角色是固定不变的，本步骤指令只需要按要求明确故事主题、主人公及故事开头即可，AI 可以完全自由创作；如果需要把握故事走向，可以输入故事概述。AI 能够根据设定完善具体故事情节。同时，可以在指令设计时指出故事风格、篇幅等具体要求，也可以进一步沟通要求智能体润色文案。

【要点 2】"有声绘本创作助手"智能体主要通过人机互动共同进行绘本的创作。指令的目的就是指导智能体逐步生成绘本每页的文字内容和图片。

参考指令与生成

【基本指令 1】故事的主题是小熊布鲁的幸福花，主人公是小熊布鲁，故事概述为小熊布鲁到森林里寻找幸福花，经历了很多困难，也遇到了一些动物小伙伴，度过了非常惊险又有趣的旅途。请根据上述信息编写一个儿童童话故事，要求内容健康、生动、有教育意义，字数范围为 500～1000，适合 2～5 岁小朋友阅读。

【AI 生成】

儿童绘本故事：小熊布鲁的幸福花

在遥远的森林里，有一只名叫布鲁的小熊。布鲁听说，只有找到传说中的幸福花，才能获得无尽的快乐。于是，他踏上了寻找幸福花的旅程。

布鲁首先遇到了一只聪明的狐狸，狐狸告诉他，幸福花隐藏在深不可测的黑暗洞穴中。布鲁虽然害怕，但他勇敢地走进了洞穴。在洞里，他遇到了一群闪闪发光的萤火虫，它们照亮了布鲁的道路，帮助他避开了所有的陷阱和危险。

当布鲁走出洞穴时，他发现外面是一个完全陌生的地方，这里是一片美丽的花园。在这里，他遇到了一只温柔的小鹿。小鹿告诉布鲁，幸福花就在这个花园的中央。但是，要到达那里，他必须穿过一个充满魔法的迷宫。

布鲁鼓起勇气，进入了迷宫。在迷宫里，他遇到了一个会说话的石头。石头告诉布鲁，只有用心倾听大自然的声音，才能找到出路。布鲁闭上眼睛，仔细聆听。终于，他听到了微弱的鸟鸣声，跟随声音，他找到了迷宫的出口。

当他走出迷宫，眼前出现了一片灿烂的花海。在花海的中心，盛开着一朵璀璨的幸福花。布鲁激动地跑过去，正当他要触碰到幸福花时，突然，一只巨大的老鹰从天而降，告诉他这朵花是森林的守护者，不能随意带走。

布鲁感到非常失望，但老鹰微笑着说："幸福不是一朵花，而是在旅途中与朋友们一起克服困难的过程。"这时，布鲁明白了，真正的幸福就是他在旅途中结识的朋友们，以及他们共同度过的欢乐时光。

布鲁带着这份领悟回到了家，虽然没有带回幸福花，但他的心却充满了幸福和温暖。从此以后，布鲁和他的朋友们一起，在森林中快乐地生活着。

> **提示**
>
> 检验文本内容质量，如有不当之处可以设计指令要求大模型优化修改。故事文本确定之后就可以利用"有声绘本创作助手"智能体生成有声绘本了。

【基本指令2】按"有声绘本创作助手"智能体设计要求，首先选择童话故事主人公的形象图片，再利用前述绘本内容逐段引导 AI 进行故事内容创作和图片生成，一段文字对应一张图片，形成一页绘本。对于不满意的文本和图片，可以提示 AI 重新生成。最后通过"创建绘本"按钮，将满意的故事内容和图片串联成册。智能体还提供了绘本命名、收藏、分享等功能。

【AI 生成】

图 7-3 是绘本第一幕，图 7-4 是绘本的最终成品。

图 7-3 "小熊布鲁的幸福花"第一幕

图 7-4 "小熊布鲁的幸福花"绘本

牛刀小试

请根据下列实训背景和任务要求设计提示词，完成大模型内容生成。

实训背景：卢亚是一位 28 岁的环保活动组织者，致力于提高公众对环境保护的认识。为了发起一项新的环保公益活动，卢亚需要创作一系列有影响力的公益广告文案。为了使文案更加吸引人并能够触动人心，卢亚希望通过 AI 工具帮助他创作富有感染力的文案。

任务要求：利用大模型帮助卢亚创作环保公益广告文案。

【应用场景 3】文档生成

案例 7-8：商业计划书设计

案例背景：张兵是一位 30 岁的能源工程师，他在一家专注于可持续能源解决方案的初创公司工作。随着新能源汽车市场的快速发展，他希望为公司策划一个新能源汽车充电站建设项目的商业计划书，以吸引投资者并扩大公司的业务版图。该项目旨在解决城市中心区域充电设施不足的问题。

任务要求：利用任意大模型工具设计一份关于新能源汽车充电站建设项目的商业计划书。商业计划书应包括市场分析、竞争分析、项目规划、运营模式、财务预测等内容。

指令设计

【要点 1】基本信息输入：向大模型提供张兵的基本信息，包括年龄、职位、工作经验等。

【要点 2】角色定位：向大模型明确其角色为新能源汽车充电站建设项目商业计划书的设计助手，具备设计商业计划书的能力。

【要点 3】需求提炼：围绕业务场景，向大模型表述"新能源汽车充电站""可持续能源""商业计划书设计"等关键词。

【要点 4】输出设定：需要大模型生成包含市场分析、竞争分析、项目规划、运营模式、财务预测等方面的商业计划书草案。

【要点 5】输出优化：根据大模型提供的初步方案，结合目标需求向大模型下达进一步优化后的问题指令。

参考指令与生成

【基本指令】张兵是一位 30 岁的能源工程师，专注于可持续能源解决方案的研究。随着新能源汽车市场的快速发展，他希望为公司策划一个新能源汽车充电站建设项目。假设你是新能源汽车充电站建设项目商业计划书的设计助手，请帮他设计一份关于新能源汽车充电站建设项目的商业计划书。要求计划书包括市场分析、竞争分析、项目规划、运营模式、财务预测等内容。

【AI 生成】

新能源汽车充电站建设项目商业计划书

一、市场分析

1. 新能源汽车市场现状

当前，新能源汽车市场规模正以前所未有的速度增长。根据国际能源署（IEA）的数据，2020 年全球新能源汽车销量达到了 300 万辆，同比增长 41%。在中国，政府对新能源汽车的支持力度不断加大，2020 年新能源汽车销量达到 136 万辆，同比增长 10.9%。这一趋势预示着未来几年内，新能源汽车的保有量将持续增长，从而带来对充电设施的巨大需求。

2. 充电站需求预测

随着新能源汽车数量的增加，充电站的需求也在迅速上升。据统计，目前中国公共充电桩的数量约为 80 万个，而到 2025 年预计需要超过 200 万个充电桩才能满足市场需求。此外，充电站的地理分布不均也是一个问题，许多城市和地区急需更多的充电设施来满足日益增长的需求。

3. 目标市场定位

考虑到不同地区的经济发展水平和新能源汽车普及率，我们的目标市场将主要集中在一线和新一线城市，以及新能源汽车产业链较为发达的地区。这些地区的消费者对新能源汽车的接受度高，且有足够的经济基础支持新能源汽车及其相关设施的消费。同时，我们也将关注那些政府有补贴政策或特殊支持的地区，以降低初期投资成本。

二、竞争分析

1. 现有竞争者分析

当前市场上已有多家企业涉足新能源汽车充电站建设，包括国家电网、特斯拉超级充电站、星星充电等。这些企业在市场上已经占据了一定的份额，并形成了自己的品牌影响力。例如，国家电网作为国有企业，在充电桩网络布局上具有天然的优势；特斯拉则通过自建充电网络为其车主提供专属服务；星星充电凭借其创新的技术和灵活的合作模式在市场上获得了认可。

2. 竞争优势与劣势

我们的竞争优势在于专注于提供高效、便捷的充电解决方案，并结合最新的技术如快速充电、智能调度系统等。我们还将注重用户体验，提供一站式服务，包括充电、维修、休息等多功能服务。然而，作为一个新进入者，我们面临的劣势主要是品牌知名度不高，市场信任度有待建立，以及与已建立的充电网络相比，我们的站点数量和服务覆盖范围有限。

3. 潜在竞争者分析

随着市场的不断扩大和技术的进步，新的竞争者可能会进入市场。这些潜在竞争者可能包括传统能源企业转型进入新能源领域、科技公司利用其在数据处理和用户界面设计方面的优势进入市场，以及地方政府支持的地方企业。这些新进入者可能会带来新的商业模式和服务理念，对我们构成挑战。

三、项目规划

1. 充电站选址原则

选址是充电站建设的关键因素之一。我们将依据以下原则进行选址：首先，考虑交通便利性，确保充电站容易被找到并且方便进出；其次，靠近高流量区域，如购物中心、办公区和居民区，以便为更多用户提供服务；再次，评估电力供应情况，确保充电站能够获得稳定和充足的电力支持；最后，考虑地方政府的政策支持和激励措施，以降低建设和运营成本。

2. 技术方案选择

我们将采用当前最先进的充电技术，包括快速充电设备和兼容多种车型的充电接口。同时，引入智能化管理系统，实现充电桩的远程监控、故障诊断和数据分析。此外，考虑到未来的技术升级，我们将选择可扩展的技术方案，以便在未来轻松升级和扩展服务。

3. 设施规模与布局

根据目标市场的车辆密度和预期增长率，我们将设计不同规模的充电站。小型充电站可能只包含几个充电桩，适合居民区和小型商业区；中型充电站将配备 10～20 个充电桩，适合大型商业区和办公区；大型充电站则可能有 50 个以上的充电桩，适合交通枢纽和大型公共设施附近。每种规模的充电站都将考虑合理的车流线路和等候区域，以确保用户的便利性和舒适性。

四、运营模式

1. 服务类型与定价策略

我们的充电站将提供多种服务类型，包括快充、慢充、预约充电等，以满足不同用户的需求。为了吸引更多用户，我们将实施灵活的定价策略，如峰谷电价、会员制度和时间折扣等。例如，我们可以在夜间低峰时段提供更低的充电价格，鼓励用户在这些时段充电。此外，我们还将推出季度或年度会员服务，为常客提供更优惠的价格和服务。

2. 客户关系管理

为了建立和维护良好的客户关系，我们将开发一个用户友好的移动应用程序，用户通过该应用可以实时查看附近的充电站状态、进行预约充电、支付费用以及接收促销信息。我们还将设立客户服务热线和在线支持，以解决用户的疑问和问题。通过收集用户反馈和数据分析，我们将持续改进服务质量和用户体验。

3. 维护与技术支持

为了保证充电站的高效运行和设备的长期稳定，我们将建立专业的维护团队，负责日常的巡检、故障排除和定期维护工作。同时，我们将与设备供应商建立紧密的合作关系，确保在出现技术问题时能够获得快速的技术支持和备件供应。此外，我们还将定期对员工进行技术培训，确保他们能够使用最新的技术和工具来提升服务质量。

五、财务预测

1. 初始投资估算

根据初步的市场调研和选址分析，我们预计每个小型充电站的初始投资大约为 50 万元，中型充电站为 200 万元，大型充电站则为 500 万元以上。这些投资主要包括土地租赁或购买费用、建设成本、充电桩及相关设备采购、安装调试费用以及预留的流动资金。我们还需要考虑获得必要的建设和运营许可的成本。

2. 运营成本分析

运营成本主要包括电费、人员工资、维护保养费用、市场营销费用和管理费用。以中型充电站为例，月电费在 3 万元左右，人员工资（包括管理人员和维护人员）约为 5 万元，维护保养费用预计为 2 万元，市场营销和管理费用预计为 1 万元。因此，中型充电站的月运营成本大约为 11 万元人民币。

3. 收益预测与盈亏平衡点分析

假设中型充电站平均每日服务 50 辆车，每辆车平均收费 50 元，那么每月的收入将为 75 000 元。考虑到运营成本，预计中型充电站将在运营的第一年内达到盈亏平衡点。在第二年及以后，随着品牌知名度的提升和客户基础的增长，预计将实现稳定的利润增长。

4. 风险评估与应对措施

面临的主要风险包括市场竞争加剧、政策变化、技术进步导致的设备过时等。为此，我们将采取以下应对措施：持续关注市场动态，调整服务和定价策略以保持竞争力；密切关注政策动向，及时调整经营策略以符合政策要求；定期评估技术发展，适时进行设备升级和技术创新。通过这些措施，我们能够降低风险并确保项目的长期稳定发展。

案例 7-9：邀请函制作

案例背景： 在市场竞争日益激烈的当下，企业通过举办新品发布会来展示自身的创新实力和市场竞争力，已成为一种重要的营销策略。近年来，智领未来科技有限公司开发了一款高科技穿戴设备——FutureFit X1 智能健康手环。为了建立品牌形象，吸引合作伙伴，促进产品宣传推广，公司决定于 2024 年 9 月 29 日在大连国际会展中心召开新品发布会。市场部总监王小丫负责组织 9 月的新品发布会。她需要准备一份精美的电子邀请函，通过邮件发送给潜在客户、媒体代表、行业专家以及合作伙伴。

案例数据： /案例资料/7-9 智能健康手环

任务要求： 使用任意大模型工具生成一份创意十足的新产品发布会邀请函。邀请函应该包含活动时间、地点、主题、亮点介绍等关键信息。

指令设计

【要点 1】基本信息输入：向大模型提供背景信息，包括企业信息、产品信息等。

【要点 2】角色定位：向大模型明确其角色为新品发布会邀请函设计专家，能够根据新产品特色设计创意鲜明的邀请函。

【要点 3】需求提炼：围绕业务场景，向大模型表述"建立品牌形象""吸引合作伙伴""促进产品宣传"等关键词。

【要点 4】输出设定：向大模型陈述要获得哪些方面的帮助，例如邀请函应包含的内容、格式及创意要求等。

【要点 5】输出优化：根据大模型提供的初步方案，结合目标需求向大模型下达进一步优化后的问题指令。

参考指令与生成

【基本指令】近年来，智领未来科技有限公司开发了一款高科技穿戴设备——FutureFit X1 智能健康手环。为了建立品牌形象，吸引合作伙伴，促进产品宣传推广，公司决定于 2024 年 9 月 29 日在大连国际会展中心召开新品发布会。假设你是新品发布会邀请函设计专家，请根据案例资料，设计一份创意十足的新产品发布会邀请函，以电子邮件的形式发放给潜在客户、合作伙伴、媒体代表、行业专家。邀请函应包含活动时间、地点、主题、亮点介绍等关键信息。

【AI 生成】

主题：智领未来·健康新纪元——FutureFit X1 智能健康手环新品发布会诚邀莅临

尊敬的[收件人姓名/尊称]，

您好！

在这个科技日新月异的时代，智领未来科技有限公司始终站在创新与健康的交汇点，引领智能穿戴设备的新风尚。我们诚挚地邀请您参加"智领未来·健康新纪元"FutureFit X1 智能健康手环新品发布会，共同见证科技如何重塑健康管理的新篇章。

☐ 活动时间：2024 年 9 月 29 日（星期日）下午 2:00 至 5:00

☐ 活动地点：大连国际会展中心（具体展厅信息将在后续通知中详述）

☐ 活动主题：智领未来·健康新纪元——FutureFit X1 智能健康手环全球首发

☐ 亮点介绍：

前沿科技，触手可及——FutureFit X1 搭载 1.4 英寸超高清全彩 AMOLED 触控屏，分辨率高达 326 ppi，色彩饱满，视角无界，为您带来前所未有的视觉盛宴。

全面健康守护——集成生物追踪传感器，实现 24 小时心率监测、血氧饱和度检测、睡眠质量精细分析（深睡、浅睡、REM 期）、压力监测及专为女性设计的健康管理功能，全方位守护您的健康。

智能互联，无缝体验——支持蓝牙 5.3 低功耗连接，轻松与智能手机、平板电脑及智能家居设备配对，信息同步，远程控制，让生活更加便捷。

超长续航，无忧使用——内置 200mAh 大容量电池，结合智能节电算法，单次充电可连续使用长达 14 天，并支持快速充电技术，让您的健康监测不间断。

防水防尘，无惧挑战——IP68 级防水防尘设计，无论是日常洗手、游泳还是轻度潜水，都能轻松应对，陪您探索更多可能。

个性化定制，彰显个性——提供超过 100 款精美表盘样式及自定义表盘功能，让每一位用户都能根据自己的喜好打造专属的健康伴侣。

☐ 我们期待：

作为行业内的佼佼者或关注健康科技的您，我们深知您的每一次参与都是对我们莫大的鼓励与支持。在此，我们诚邀您莅临现场，共同体验 FutureFit X1 带来的健康新体验，分享前沿科技带来的无限可能。

☐ 报名方式：

请您通过回复本邮件或拨打联系电话 136×××××××× （王××）进行报名确认，以便我们做好接待安排。

让我们相聚大连，共启健康新篇章！期待在发布会上与您相见，携手共创智能健康新未来。

祝商祺！

智领未来科技有限公司

2024 年 8 月 5 日

【优化指令】请进一步完善邀请函的格式，设计更加精美、有特色的新品发布会邀请函。

【AI 生成】

主题：智领未来·健康新纪元——FutureFit X1 智能健康手环新品发布会诚邀莅临

邮件封面

（请随邮件附上一张设计精美的背景图片，展示 FutureFit X1 智能健康手环的高清美图，背景可融入科技、健康元素，如光影交错的未来城市景象或清新自然的健康运动场景）

尊敬的[收件人姓名/尊称]，

您好！

在这个科技飞速发展的时代，智领未来科技有限公司始终站在创新与健康的交汇点，致力于为您带来前所未有的智能健康体验。我们诚挚地邀请您参加 FutureFit X1 智能健康手环的新品发布会，共同见证健康科技的全新篇章！

发布会详情

时间：2024 年 9 月 29 日（星期日）下午 2：00 至 5：00

地点：大连国际会展中心（大连市中山区港浦路 3 号）

主题：智领未来·健康新纪元——FutureFit X1 智能健康手环新品发布会

产品亮点预览

超高清触控体验：1.4 英寸超高清全彩 AMOLED 触控屏，326 ppi 分辨率，色彩鲜艳，视角宽广，每一次滑动都是视觉盛宴。

全面健康监测：集成生物追踪传感器，支持 24 小时心率监测、血氧饱和度监测、睡眠质量分析（深睡、浅睡、REM 期）、压力监测及女性健康管理功能，全方位守护您的健康。

智能互联生活：蓝牙 5.3 低功耗连接，快速与智能手机、平板电脑及部分智能家居设备配对，实现信息同步与远程控制，让生活更加便捷。

持久续航力：内置 200mAh 大容量电池，配合智能节电算法，单次充电可连续使用长达 14 天，支持快速充电技术，无须频繁充电。

防水防尘设计：IP68 级防水防尘，无论是日常洗手、游泳还是轻度潜水，都能轻松应对，让健康监测无处不在。

个性化定制：提供超过 100 款精美表盘样式及自定义表盘功能，满足不同用户的审美需求，让您的手环独一无二。

活动亮点

现场体验：亲身体验 FutureFit X1 智能健康手环的各项功能，感受科技带来的健康改变。

专家分享：行业专家将解读智能穿戴设备的最新趋势，分享健康管理的科学方法。

互动交流：与智领未来科技有限公司的团队面对面交流，共同探讨智能健康的新未来。

报名方式

请您于[2024 年 9 月 15 日]前，通过以下方式确认您的出席意向：

回复本邮件，注明"参加 FutureFit X1 新品发布会+您的姓名+单位/公司名+联系方式"。

或直接联系我们：

电话：136×××××××（王××）

电子邮箱：××××future@126.com

我们期待在美丽的海滨城市大连，与您共同开启智能健康的新篇章！

敬请光临！

智领未来科技有限公司

2024 年 8 月 5 日

公司网址：http://www.××××future.com

案例 7-10：会议纪要生成

案例背景：小周是瑞华集团新来的项目部助理，负责处理项目部的各种行政事务，包括会议的组织、记录和跟进。由于项目部业务繁忙，各类管理会议和项目跟进会议众多，会议纪要的整理下发工作较为繁重，小周想借助 AI 大模型进行会议记录整理工作，例如将会议录音转换为文字，再整理每个与会人员发言要点，按规范格式生成会议纪要。2024 年 7 月 30 日星期二召开了部门月度管理会议，主要对本月工作全面总结，同时反馈问题并讨论解决方案。

案例数据：/案例资料/7-10 会议过程

任务要求：请利用任意大模型工具，帮助小周将会议录音资料自动生成会议纪要并核对。

指令设计

【要点 1】基本信息输入：向大模型提供案例的基本信息，包括部门、岗位、业务需要等。

【要点 2】角色定位：向大模型明确其角色为会议专员助手，具备卓越的会议组织、记录和跟进的能力。

【要点 3】需求提炼：围绕业务场景，向大模型表述"月度管理会议""工作总结""发言要点""讨论解决方案"等关键词。

【要点 4】输出设定：需要大模型总结与会人员观点，生成准确无误、条理清晰的会议记录。

【要点 5】输出优化：根据大模型提供的初步方案，结合目标需求向大模型下达进一步优化后的问题指令。

参考指令与生成

【基本指令】小周是瑞华集团项目部助理，负责进行项目部内各种会议的组织、记录和跟进。2024 年 7 月 30 日星期二召开了一次部门月度管理会议，主要对本月工作全面总结，同时反馈问题并讨论解决方案。会议全程文本记录见上传资料。假设你是会议专员助手，具备卓越的会议组织、记录和跟进的能力。请帮助小周归纳每个与会人员发言要点，按规范格式生成会议纪要。

【AI 生成】

会议纪要

会议时间：2024 年 7 月 30 日（周二）上午 10：00—12：00

会议地点：公司第二会议室

会议主题：7 月项目部管理工作会议

参会人员：部门经理李平（主持），副经理张华，行政助理小周，项目组负责人王丽及成员赵敏、雷力、小杨等，客服组负责人刘芳及成员小李、苏俊，技术组负责人陈强及成员小张、丁明、常昊

记录人：会议专员助手（代小周）

会议内容：

1. 开场与会议目的

李平（部门经理）：简要回顾上月工作成果，规划下月工作重点。会议包括月度工作总结、问题反馈、下月工作计划及团队互动环节。

2. 月度工作总结

陈强（技术组负责人）：成功解决多个技术难题，特别是小张提出的自动化脚本提升工作效率；发现系统性能瓶颈，需优化。

小张（技术组成员）：已开始研究解决方案，预计下周提出初步方案。

刘芳（客服组负责人）：收到大量正面客户评价，但产品说明书不够详细；提出制作视频教程的建议。

小李（客服组成员）：建议制作视频教程，更直观展示产品功能和使用方法。

3. 问题反馈与解决方案

王丽（项目组负责人）：跨团队协作问题依旧存在，建议每月举办技术或业务分享会。

赵敏（项目组成员）：同意并建议建立内部在线知识库。

张华（副经理）：将与行政部沟通实施建议；提议建立即时通信群组促进跨部门沟通。

4. 下月工作计划

陈强（技术组负责人）：全力推进××项目二期开发，优化系统性能；计划开展内部技术培训。

刘芳（客服组负责人）：准备展会宣传材料和现场支持，制作视频教程，启动客户满意度调查。

雷力、小杨（项目组新员工）：希望参与展会筹备和视频教程制作，提升实战经验和编辑能力。

5. 团队建设与活动提议

张华（副经理）：提议组织户外拓展活动，增强团队凝聚力；设立"月度之星"评选，表彰优秀同事。

全体讨论：赞同提议，提出具体活动建议和评选标准。

6. 会议总结

李平（部门经理）：感谢大家积极参与和提出宝贵意见。要求制订详细工作计划，下周周会上汇报。保持高效协作，推动部门发展。

7. 会议记录与分发

行政助理小周：将整理会议记录，包括工作建议和行动计划，下午通过邮件发送给参会人员。

备注：以上内容为根据会议过程文档归纳整理而成，确保信息准确无误，以便各部门成员参考执行。

【应用场景 4】PPT 设计

案例 7-11：年终工作汇报

案例背景： 罗洋是星耀科技有限公司市场营销部经理，36 岁。星耀科技有限公司专注于智能硬件和物联网解决方案的研发与销售，致力于为客户提供高效、便捷的智能化生活体验。年终岁尾，罗洋要撰写一份报告，对过去一年取得的成绩、存在的不足以及未来工作计划等进行总结与展示。他已经梳理出一个汇报内容框架，希望通过大模型进行修改润色，形成一份内容全面、格式规范、结构合理的工作报告，同时希望根据优化后的报告制作一份正式严谨的演示文稿。

案例数据： \案例资料\7-11 年终工作汇报

任务要求： 利用大模型帮助罗洋设计工作报告格式，优化报告内容，并设计制作一份年终工作汇报 PPT。

指令设计

【要点 1】基本信息输入： 向大模型提供罗洋的基本信息，包括年龄、职位、工作内容等。

【要点 2】角色定位： 向大模型明确其角色为工作报告设计助手，具备设计工作报告格式、润色工作报告内容及设计制作 PPT 的能力。

【要点 3】需求提炼： 围绕业务场景，向大模型表述"内容全面""格式规范""结构合理"等关键词。

【要点 4】输出设定： 需要大模型修改润色报告框架，生成一份规范的工作报告，同时制作工作汇报演示文稿。

【要点 5】输出优化： 根据大模型提供的初步方案，结合目标需求向大模型下达进一步优化后的问题指令。

参考指令与生成

【基本指令】 罗洋是星耀科技有限公司市场营销部经理，36 岁，负责公司智能硬件和物联网解决方案的销售工作。他现在要撰写一份年终工作报告，对过去一年的工作进行总结与展示。报告内容已经上传，假设你是工作报告设计助手，请帮助他将汇报内容进行修改润色，形成一份内容全面、格式规范、结构合理的工作报告，同时希望根据优化后的报告制作一份正式严谨的演示文稿。

【AI 生成】

2024 年度星耀科技运营工作报告

营销经理 罗洋 2024 年 12 月

一、引言

2024 年是充满挑战和机遇的一年。在全球经济形势复杂多变的背景下,星耀科技有限公司在公司高层的指导和支持下,市场营销部全体成员紧密合作,克服了市场环境的不确定性,顺利完成了年度工作目标,为公司的持续增长奠定了坚实基础。

在过去的一年中,我们不仅在业绩上取得了显著增长,还在品牌建设、客户满意度提升和成本控制等方面取得了可喜的成绩。这些成就离不开每一位团队成员的辛勤付出和公司的大力支持。

二、主要成绩

(一)业绩增长

通过精准定位目标市场,优化广告投放策略,本年度销售额同比增长 35%,超出了年初制定的 30% 的增长目标,特别是在第四季度,销售额环比增长达到了 40%,创下了历史新高;成功开拓了新的市场区域,包括东南亚和欧洲市场,新市场的销售额占比达到了15%;与多家知名电商平台建立了战略合作关系,线上销售额占比从上一年的 30% 提升至40%。

(二)品牌影响力扩大

成功策划并执行了多个大型品牌宣传活动,包括"智能生活节"和"科技改变生活"系列线下活动,品牌知名度提升了 20%;加强了社交媒体平台的运营,粉丝数增加了 50%,互动率提升了 30%,特别是在微博和微信平台上,用户参与度显著提高;获得了多家主流媒体的报道和推荐,进一步提升了品牌的公信力和影响力。

(三)客户满意度提升

实施了客户忠诚度计划,包括积分奖励、会员专享优惠等,客户满意度从上一年度的80% 提升至 87%;优化了售后服务流程,客户问题解决时间平均缩短了 20%,客户留存率提高了 10%;通过定期收集和分析客户反馈,不断改进产品和服务,客户满意度调查得分连续四个季度保持在 90 分以上。

(四)成本控制

通过精细化管理和优化营销策略,减少了不必要的营销开支,营销成本占总收入的比例下降了 5%;优化供应链,与供应商建立了更紧密的合作关系,采购成本降低了 8%,物流费用减少了 10%;实施能耗管理,采取节能减排措施,办公场所能耗降低了 15%,为公司节省了运营成本。

三、存在的问题

(一)市场竞争加剧

随着同行业竞争者的增加,部分核心产品的市场份额受到了一定的冲击,尤其是在智能健康手环市场,竞争对手的低价策略对我们造成了一定的压力;产品差异化问题显著,虽然我们在产品质量和技术上有优势,但在产品差异化方面还需进一步提升,以区别于竞争对手;同时需要更加灵活地调整市场策略,针对不同市场和用户群体推出更有针对性的产品和服务。

（二）内部沟通效率待提高

1. 信息传递问题

在跨部门协调过程中，信息传递有时不够及时，导致项目推进出现延误。特别是在新产品上市前的准备阶段，各部门之间的沟通不够顺畅。

2. 项目管理与团队合作

项目管理流程存在一些瓶颈，需要进一步优化，以提高整体工作效率。虽然团队整体氛围良好，但在某些项目中，团队成员之间的协作还不够默契，需要加强团队建设和培训。

（三）客户服务体验有待改善

尽管客户满意度有所提升，但在售后服务响应速度方面还有改进空间，特别是对于一些复杂的技术问题，客户等待时间较长；现有的服务流程在某些环节还存在不合理之处，需要进一步简化和优化，提高客户体验；部分客户对新产品的使用方法不够熟悉，需要加强客户培训，帮助他们更好地使用我们的产品。

四、改进措施

（一）深化市场研究

加大市场调研力度，深入了解消费者需求变化，定期发布市场研究报告，为产品开发和市场策略提供数据支持；加强对竞争对手的分析，了解他们的优势和不足，制定更有针对性的竞争策略；构建更详细和准确的用户画像，为精准营销提供依据。

（二）优化内部流程

引入先进的项目管理工具和方法，建立标准化的项目管理流程，确保信息流通畅通无阻，提高项目推进效率；建立更加高效的内部沟通机制，定期召开跨部门协调会议，确保各部门之间的信息同步；加强团队建设和培训，提升团队成员的专业能力和协作水平，增强团队凝聚力。

（三）加强客户关系管理

增设客户服务中心，提供 24 小时在线客服支持，缩短客户问题解决时间，提高客户满意度；根据客户的需求和偏好，提供更加个性化和专业化的服务，增强客户信任感；定期举办客户培训活动，帮助客户更好地使用我们的产品，提高客户满意度和忠诚度。

五、未来展望

展望 2025 年，市场营销部将继续坚持"以客户为中心"的服务理念，深化品牌建设，拓展市场边界，致力于打造更具竞争力的产品和服务。具体目标包括以下几个方面。

业绩目标：力争实现销售额同比增长 40%，进一步巩固公司在智能硬件和物联网领域的领先地位。

品牌建设：继续加大品牌宣传力度，提升品牌知名度和美誉度，争取在主流媒体上获得更多的曝光机会。

客户满意度：进一步优化客户服务体系，确保客户满意度达到 95% 以上，客户留存率达到 90%。

团队发展：持续关注团队成员的成长和发展，为每位员工提供广阔的职业发展空间，培养更多高素质的市场营销人才。

我们相信，在公司领导的正确指导下，市场营销部全体成员将团结一致，迎难而上，为星耀科技有限公司的持续发展贡献更大的力量。

【优化指导】

根据优化后的报告，利用天工 AI 中的"AI PPT"功能生成 PPT 大纲（可手动修改）。

【AI 生成】

根据您提供的信息，以下是为您初步创建的 PPT 大纲。您可以自由地对其进行编辑和调整，或者直接参考这个大纲生成 PPT 演示文稿。

主标题：星耀科技 2024 年度运营工作报告

副标题：营销经理 罗洋 总结与展望

引言

2024 年工作回顾

公司简介与产品概述

团队协作与支持

主要成绩

业绩增长	售后服务优化
销售额同比增长 35%	成本控制
新市场开拓与线上销售提升	营销成本下降
品牌影响力扩大	供应链优化与能耗管理
大型品牌宣传活动	创新成果
社交媒体运营成效	新产品推出与市场反馈
客户满意度提升	技术创新与专利申请
忠诚度计划实施	

存在的问题

市场竞争加剧	项目管理与团队合作
市场份额受冲击	客户服务体验有待改善
产品差异化需提升	售后服务响应速度
内部沟通效率待提高	服务流程简化与优化
信息传递问题	

改进措施

深化市场研究	建立高效沟通机制
加大市场调研力度	加强客户关系管理
竞争对手分析与用户画像构建	增设客户服务中心
优化内部流程	提供个性化服务与培训活动
引入项目管理工具	

未来展望

业绩目标设定	客户满意度提升计划
力争实现销售额增长 40%	优化服务体系与客户留存率目标
品牌建设规划	团队发展策略
加大宣传力度与媒体曝光	关注员工成长与人才培养

　　用户根据需求选择 PPT 模板，制作一份正式严谨的演示文稿。系统自动生成了一份 54 页的 PPT，图文并茂，用户可根据需要调整 PPT 内容。图 7-5 是生成的部分 PPT。

图 7-5　AI 生成工作汇报 PPT（部分）

🖐️牛刀小试

请根据下列实训背景和任务要求设计提示词，完成大模型内容生成。

实训背景： 赵婧是一位有 10 年工作经验的人力资源部经理，她深知新员工培训的重要性。为了更好地向新员工传达公司文化和价值观，激发他们的工作热情并帮助他们迅速融入公司。她希望借助 AI 大模型来设计制作一份内容丰富翔实的新员工入职培训 PPT，以达到入职培训的目的。

任务要求： 利用大模型为赵婧生成一份关于公司文化和价值观的 PPT 草案。提供创意设计建议，如故事叙述、互动环节等。根据反馈对 PPT 进行优化调整。

训练提升　》》》》》》》》》》》

小红书文案撰写

实训背景： 近年来，随着金融行业的蓬勃发展，越来越多的大学生开始考虑在财经领域寻找就业机会。小红书，作为一款深受年轻人喜爱的生活分享平台，其涵盖了众多领域的知识和信息，拥有丰富的内容和活跃的用户群体。小智作为一名财经领域的求职博主，希望通过自己的专业知识和求职经验，在小红书上分享一些实用的行业信息及求职建议，帮助和引导其他有志于从事财经行业的大学生了解行业发展，更好地规划自己的职业道路。

> 视频资料
>
> 撰写行业分析
> 报告

任务描述： 请利用任意大模型工具撰写一篇小红书文案，介绍财经专业毕业生的就业方向，帮助用户了解行业信息、明确职业方向，实现高质量就业。

指令要点：

（1）了解背景信息：为了让大模型更好地了解任务目标，需要向大模型下达与背景信息

相关的指令。【指令1】

（2）明确角色定位：为了让大模型更好地匹配回答内容，需要向大模型明确其代表的角色身份和具备的相关技能。【指令2】

（3）分析任务需求：在撰写文案之前，需要通过关键词提炼，明晰文案的撰写目的、文案主题、核心内容、目标用户、语言风格、表达方式等信息。这些分析有助于确保文案内容更加精准、有针对性，更好地贴合用户需求。【指令3】

（4）构建有效问题：根据需求分析的结果，构建具体详细的问题表述，包括但不限于文案的主题、关键词、目标用户等核心要素，以便大模型能够针对这些信息提供更准确、更有针对性的回答。【指令4】

（5）持续优化：在指令依次发布的过程中，需要根据大模型的回答结果不断优化答案。这可能包括修改指令、补充信息、调整表达方式等，以确保回答更好地理解和满足用户需求，提高答案质量和实用性。【指令5】

（6）设置参考模板：为了让大模型更好地理解文案撰写要求，可以提供一些参考模板。这些模板可以是优秀的文案范例、语言表达规范等，以便大模型更好地模仿和学习，提高回答质量。

第8章 私人百科全书：知识解语

学习目标 ▼

【知识目标】
● 掌握提示词的设计技巧，了解如何将 AI 技术与统计、法律、财务等专业领域知识结合，提供专业咨询服务

【能力目标】
● 能够选择适当的 AI 大模型工具在主题研究、专业咨询等场景下实现专业问答、政策咨询和文献综述

【素养目标】
● 培养严谨的学习作风和认真勤勉的工作态度，善于运用新技术强化前沿知识的学习研究及普及应用

内容框架 ▼

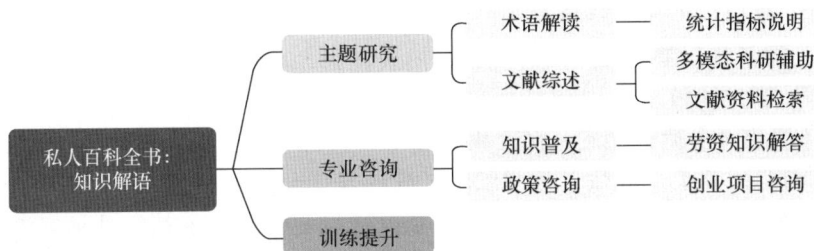

本章导读 ▼

在 2024 年世界人工智能大会·腾讯论坛上，腾讯研究院联合上海交通大学、腾讯优图实验室、腾讯云智能发布了《2024 大模型十大趋势——走进"机器外脑"时代》报告。报告强调"智力即服务"模式的开启，将使智力像电力一样易于获取。大模型能够从海量数据中提炼知识，进行逻辑推导，生成有见地的回应。这一功能使其在法律分析、市场研究、科学发现等主题研究和处理知识密集型任务时表现出色，成为个人和企业的得力助手。

8.1 主题研究 ▼

由于 AIGC 技术能够构建和维护知识库，实现知识的有效沉淀和管理，所以在知识百科建设、主题研究方面有广泛应用。用户可以在具体的术语解读、文献综述等工作中运用 AI 技术，以促进自己对知识的高效获取、共享、应用和创新，提升知识管理水平和业务价值。

【应用场景 1】术语解读

案例 8-1：统计指标说明

案例背景： 李阿姨是某机械厂 50 岁的技术工人，无经济学、统计学基础。她热爱学习，喜欢钻研。退休后，为了不与社会脱节，她每天读书看报，密切关注国内外经济发展。近期她在阅读《中华人民共和国 2023 年国民经济和社会发展统计公报》时遇到一些困难，她无法搞清相关统计指标的意义以及反映的经济发展特征。她希望借助 AI 工具帮助自己解读公报中的各项术语，以便更好地了解国家经济发展状况。

任务要求： 利用大模型中的一种，帮助李阿姨解读《中华人民共和国 2023 年国民经济和社会发展统计公报》中各项指标的含义，说明其反映的经济发展特征和发展趋势。

指令设计

【要点 1】基本信息输入： 向大模型提供李阿姨的基本信息，包括性别、年龄、职业和爱好习惯等。

【要点 2】角色定位： 向大模型明确其角色为经济、统计术语解读助手，具备解读各项经济指标、统计指标的意义、算法，说明经济现象的特征和规律等的能力。

【要点 3】需求提炼： 围绕业务场景，向大模型表述"统计公报""经济指标""统计指标"等关键词。

【要点 4】输出设定： 向大模型陈述要获得哪些方面的帮助，例如解读相关经济指标、统计指标的意义、算法，说明经济发展的规律和特征等。

【要点 5】输出优化： 根据大模型提供的初步方案，结合目标需求向大模型下达进一步优化后的问题指令。

参考指令与生成

【基本指令】 李阿姨是某机械厂 50 岁的技术工人，无经济学、统计学基础。近期她在阅读《中华人民共和国 2023 年国民经济和社会发展统计公报》时遇到一些困难，她无法搞清相关经济指标、统计指标的意义。她希望借助 AI 工具帮助自己解读公报中的各项术语，以便更好地了解国家经济发展状况。假设你是经济、统计术语解读助手，擅长解读各项经济指标、统计指标。请帮助李阿姨解读公报中各项指标的具体意义和反映的经济特征。

【AI 生成】

当然可以，李阿姨。我将尽量用简单易懂的语言来解释一些常见的经济指标和统计指标，帮助您更好地理解《中华人民共和国 2023 年国民经济和社会发展统计公报》。

1. 国内生产总值（GDP）

定义：国内生产总值是指一个国家或地区所有常住单位在一定时期内生产活动的最终成果，是衡量一个国家或地区经济规模的重要指标。

意义：GDP 的增长率可以反映经济的发展速度，如果 GDP 增长较快，说明经济活力较强；反之，则可能表示经济增长放缓或面临困难。

2. 居民消费价格指数（CPI）

定义：居民消费价格指数是一组用于衡量一篮子消费品和服务项目价格水平变动的相对数，用来反映一定时期内居民家庭一般所购买消费品和服务项目价格水平的变动情况。

意义：CPI上涨意味着物价上涨，即通货膨胀；下降则可能意味着通货紧缩。

3. 失业率

定义：失业率是指劳动年龄人口中失业人数占劳动力总数的比例。

意义：失业率高表明就业形势严峻，经济可能处于不景气状态；而较低的失业率则通常与经济繁荣相联系。

4. 进出口总额

定义：进出口总额是指一定时期内一个国家或地区向国外销售商品和服务的总价值（出口额）以及从国外购买商品和服务的总价值（进口额）。

意义：进出口总额反映了对外贸易的活跃程度，对经济增长有重要影响。贸易顺差（出口大于进口）通常被视为经济实力的标志之一。

5. 工业增加值

定义：工业增加值是指工业企业在报告期内生产的工业产品和服务的总价值减去同期投入的中间产品的价值后的余额，它是衡量工业生产活动成果的一个重要指标。

意义：工业增加值的增长表明工业生产活跃，对于依赖工业发展的国家来说，这是经济健康的一个重要信号。

6. 城镇新增就业人数

定义：城镇新增就业人数指报告期内城镇新进入劳动力市场并获得工作的人员数量。

意义：这个数字反映了就业市场的活力，也是政府关注的重点之一，因为稳定的就业是社会稳定和发展的重要基础。

7. 固定资产投资

定义：固定资产投资是指企业、个人等主体为了获取长期收益而进行的投资，包括建筑物、机器设备等的购置。

意义：固定资产投资是拉动经济增长的主要动力之一，高水平的投资通常预示着未来的经济增长潜力。

通过这些基本概念的理解，您可以更好地把握国家经济发展的大方向和特点。如果您对公报中的其他特定数据或术语有疑问，也可以继续提问，我会尽力为您解答。

◀ 提示 ▶

大模型根据指令获取了公报信息，并对其中的基础指标进行解读。李阿姨可以根据自身理解情况对大模型进一步提问或要求其提供具体的例子加以说明。

【优化指令】请进一步举例说明这些指标的计算方法，与《中华人民共和国2022年国民经济和社会发展统计公报》中的数据对比，说明发展趋势，同时解释"规模以上工业企业"的概念和统计意义。

【AI生成】

好的，李阿姨，我将继续为您详细解释这些经济指标的计算方法，并结合2022年的数据与 2023 年的数据进行对比，以说明发展趋势。此外，我也会解释"规模以上工业企业"的概念及其统计意义。

经济指标计算方法

1. 国内生产总值（GDP）

计算方法：GDP 可以通过三种方法计算，分别是生产法、收入法和支出法。生产法是将各个行业在一定时期内生产的最终产品和服务的价值加总起来；收入法是从生产要素收入的角度出发，计算工资、租金、利息、利润等的总和；支出法则是从最终使用的角度，将消费、投资、政府购买和净出口加总起来。

2022 年数据：2022 年全年国内生产总值 1 210 207 亿元，比上年增长 3.0%。

2023 年趋势：若 2023 年的 GDP 增长率高于 3.0%，则表明经济增长加快；若低于 3.0%，则可能意味着经济增长放缓。

2. 居民消费价格指数（CPI）

计算方法：CPI 通过选定一组代表性的消费品和服务，跟踪它们的价格变化来计算。CPI=报告期价格÷基期价格×100。

2022 年数据：具体数值未提供，但可以查找当年的数据作为参考。

2023 年趋势：如果 2023 年的 CPI 增长率高于 2022 年，说明物价上涨更快，可能有较高的通胀压力；反之，则表明通胀压力有所缓解。

3. 失业率

计算方法：失业率=（失业人数÷劳动力总数）×100%。劳动力总数是指已经有工作的人数与正在寻找工作的人数之和。

2022 年数据：具体数值未提供，但可以查找当年的数据作为参考。

2023 年趋势：如果 2023 年的失业率低于 2022 年，说明就业市场改善；若高于 2022 年，则表明就业压力增大。

4. 进出口总额

计算方法：进出口总额=出口总额+进口总额。

2022 年数据：具体数值未提供，但可以查找当年的数据作为参考。

2023 年趋势：如果 2023 年的进出口总额增加，尤其是出口额的增长，这通常是一个积极的信号，表明外部需求强劲，有助于推动经济增长。

"规模以上工业企业"概念及统计意义

定义：规模以上工业企业是指年主营业务收入达到 2 000 万元及以上的法人工业企业。这个标准是为了便于统计分析和政策制定，聚焦于那些对国家经济具有较大影响的企业。

统计意义：规模以上工业企业的数据能够更准确地反映工业部门的整体运行状况，包括生产效率、经济效益和技术进步等方面。这些企业的表现往往被视为宏观经济健康与否的关键指标之一。

发展趋势分析

以 GDP 为例，如果 2023 年的 GDP 增长率高于 2022 年的 3.0%，这表明尽管面临国内外复杂多变的环境，中国经济依然保持了较强的韧性和活力，经济增长动力增强。同样，如果 2023 年的 CPI 增长率保持在一个合理的区间内，比如低于 2022 年的水平，这意味着政府在控制通货膨胀方面取得了成效，有利于维护经济稳定。

通过对比两年的数据，我们可以看出国家经济的发展趋势，从而对未来的经济走向有一个更加清晰的认识。希望这些解释对您有所帮助！如果有任何不清楚的地方，欢迎随时提问。

大模型能够根据用户要求对专业术语进行深度解释、说明、举例、比对等。用户在实践中可根据个性化需求对大模型提出精准提示。

✍ 牛刀小试

请根据下列实训背景和任务要求设计提示词，完成大模型内容生成。

实训背景：张先生三年前购买了一款高端智能洗衣机。为了确保洗衣机能够长期稳定运行，张先生今年对洗衣机进行了一次性能检测。最新的检测报告显示有几个指标处于临界值或低于推荐值。张先生希望借助 AI 工具帮助他解读这些指标，以便更好地了解洗衣机的健康状况，并获得维护建议。

任务要求：利用大模型帮助张先生解读家用电器性能检测的各项指标，根据指标检测数值给出维护建议，并提出个性化日常维护方法。

🌐【应用场景 2】文献综述

案例 8-2：多模态科研辅助

案例背景：陈宇，一位充满科研热情的年轻人，近期加入了一家知名科研机构。在人工智能技术飞速发展的当下，他渴望提高自身科研水平，将 AI 大模型引入自己的研究工作中，以期提升工作效率和质量。为了充分发挥 AI 通用大模型的潜力，陈宇希望深入了解其在科研辅助方面的各种功能和应用技巧。

任务要求：选择任意大模型工具，介绍 AI 技术在科研辅助场景中的具体功能和应用技巧，同时举例说明跨模态科研资料获取过程。

指令设计

【要点 1】基本信息输入：向大模型提供基本信息，包括人物背景、工作内容及需求等。

【要点 2】角色定位：向大模型明确其角色为大模型科研应用专家，具备跨模态应用大模型进行科学研究的技巧。

【要点 3】需求提炼：围绕业务场景，向大模型表述"人工智能""科研辅助""应用技巧""跨模态"等关键词。

【要点 4】输出设定：向大模型陈述要获得哪些方面的帮助，例如通用大模型在科研辅助方面的特殊功能、应用技巧，以及跨模态科研资料的获取过程。

【要点 5】输出优化：根据大模型提供的初步方案，结合目标需求向大模型下达进一步优化后的问题指令。

参考指令与生成

【基本指令】陈宇是一家知名科研机构刚入职的研究员，希望将 AI 大模型引入自己的研究工作中，以便提升工作效率和质量。他希望深入了解其在科研辅助方面的各种功能和应用技巧。假设你是大模型科研应用专家，请帮他详细说明通用大模型在科研工作中有哪些特殊功能，提供利用大模型进行科研辅助的实用技巧。

【AI 生成】

陈宇研究员，您好！作为大模型科研应用专家，很高兴能帮助您深入了解通用大模型在科研工作中的特殊功能以及相应的应用技巧。通用大模型凭借其强大的数据处理和学习能力，已成为科研辅助的重要工具。以下是一些关键功能和应用技巧。

特殊功能

1. 文献检索与分析

自动文献筛选：大模型可以根据您的研究主题，自动从海量文献中筛选出相关度高的文章，大大节省了手动搜索的时间。摘要生成与理解：通过自然语言处理技术，大模型可以生成文献摘要并理解其内容，帮助您快速了解文献的核心观点。

2. 实验设计与优化

实验方案设计：大模型可以根据历史数据和当前研究背景，辅助设计实验方案，包括变量选择、实验流程等。参数优化：在模拟实验中，大模型可以通过优化算法，自动调整实验参数，以达到最佳的实验效果。

3. 数据分析与可视化

复杂数据分析：大模型能够处理大规模、多维度的数据，进行统计分析、机器学习建模等，发现数据中的隐藏规律。数据可视化：将复杂的数据分析结果转化为直观的图表，帮助科研人员更好地理解数据背后的意义。

4. 知识图谱构建

领域知识整合：大模型可以自动构建领域内的知识图谱，将零散的知识点整合成结构化的知识网络，便于查询和推理。关系挖掘：通过知识图谱，大模型能够发现不同实体之间的潜在关系，为科研提供新的视角和思路。

5. 科研论文撰写与校对

自动写作辅助：大模型可以根据研究内容，自动生成论文的初稿或部分段落，包括引言、方法、结果等部分。语法与逻辑校对：通过自然语言处理技术，大模型能够检查论文的语法错误、逻辑不连贯等问题，提高论文质量。

应用技巧

明确需求：在使用大模型之前，首先要明确自己的具体需求，如需要解决什么问题、需要哪些类型的数据等。这有助于更精准地利用大模型的功能。

数据准备：确保输入数据的质量和准确性。对于自然语言处理任务，需要对文本进行预处理，如分词、去停用词等。对于数据分析任务，则需要清洗和整理数据。

模型选择与训练：根据具体任务选择合适的模型架构和参数。对于科研辅助任务，可以选择具有广泛适用性和强大泛化能力的通用大模型。同时，根据实际需求对模型进行微调训练，以提高其在特定领域内的表现。

结果验证与评估：对大模型的输出结果进行验证和评估，确保其准确性和可靠性。可以通过对比人工结果、使用交叉验证等方法来评估模型的性能。

持续学习与优化：随着研究的深入和数据的积累，不断对大模型进行学习和优化。可以通过引入新的数据集、调整模型参数等方式来提高模型的性能和适应性。

结合专家知识：虽然大模型具有强大的学习能力，但在某些领域仍需要专家的指导和干预。因此，在使用大模型进行科研辅助时，应充分结合领域专家的知识和经验，以提高科研工作的准确性和可靠性。

希望以上信息能对您有所帮助，祝您在科研工作中取得丰硕的成果！

【优化指令】请提供具体的技巧，说明如何高效地与大模型交互，以获得最理想的结果，同时举例介绍利用通用大模型从各种渠道收集多模态数据的方法。

【AI生成】

当然可以。高效地与大模型交互并从中获取理想的结果，需要一定的技巧和策略。以下是几个具体的技巧和步骤，可以帮助陈宇更好地利用大模型来收集和处理多模态数据，进而提升科研工作的效率和质量。

高效交互技巧

1. 明确目标和问题定义

技巧：在与大模型交互之前，首先要清晰地定义问题或目标。这包括确定要解决的具体问题、所需的数据类型以及期望的结果形式。

示例：如果目标是了解特定药物对某种疾病的治疗效果，那么可以明确询问："请提供最近五年内关于药物 X 治疗疾病 Y 的所有临床试验的总结"。

2. 结构化输入

技巧：尽量使用结构化的输入方式，如表格、代码片段或格式化的文本，这有助于大模型更准确地理解问题。

示例：如果需要分析一组实验数据，可以将数据整理成表格形式上传，并附上简短的文字说明："请分析以下数据并给出可能的解释"。

3. 逐步细化

技巧：如果初次请求没有得到满意的结果，可以通过逐步细化问题的方式进行调整。

示例：如果最初的问题过于宽泛，比如"请提供所有关于机器学习的文章"，可以根据反馈结果逐步细化，如"请提供关于深度学习在医学影像分析中的应用的文章"。

4. 利用多模态输入

技巧：上传多种类型的数据，如文本、图像、视频等，以增强大模型的理解能力。

示例：如果研究中涉及生物样本的显微图像，可以上传这些图像并结合文字描述，要求大模型识别特定的细胞特征或模式。

5. 反馈循环

技巧：在收到初步结果后，提供反馈给大模型，告诉它哪些部分做得好，哪些需要改进。

示例：如果大模型提供的文献列表中有一些不是特别相关，可以指出这一点，并要求它排除那些特定类型的文献。

6. 利用 API 接口

技巧：对于重复性的任务，可以编写脚本或程序通过 API 接口与大模型交互，自动化处理流程。

示例：开发一个简单的脚本，定期自动上传实验数据，并从大模型接收分析结果。

利用通用大模型收集多模态数据

1. 文献检索与阅读理解

技巧：上传文献标题或关键词列表，要求大模型返回相关文献的摘要或全文链接。

示例：提供"人工智能在癌症早期诊断中的应用"作为关键词，要求大模型返回相关文献。

2. 实验数据处理

技巧：上传实验数据表格，要求大模型进行统计分析并提供可视化图表。

示例：上传一份包含实验组和对照组数据的 Excel 文件，要求大模型生成柱状图比较两组之间的差异。

3. 图像识别与分析

技巧：上传实验过程中的图像或视频，要求大模型识别特定的特征或模式。

示例：上传一组细胞培养图像，要求大模型识别并标记出异常细胞的位置。

4. 语音记录转文本

技巧：上传实验过程中录制的语音记录，要求大模型转换为文字。

示例：上传实验操作过程中的录音，要求大模型将其中的关键步骤和观察结果转换为文本。

5. 视频资料分析

技巧：上传实验操作的视频，要求大模型分析操作步骤的有效性和规范性。

示例：上传一段实验操作视频，要求大模型指出操作中需要注意的细节或潜在的问题。

通过上述技巧的应用，陈宇可以更有效地利用 AI 大模型的力量，不仅能提高科研工作的效率，还能保证研究的质量和创新性。

如果有任何具体的技术实现问题或者其他疑问，欢迎继续提问。

案例 8-3：文献资料检索

案例背景：陈宇是一位年轻的研究员，刚刚入职一家专注于智能制造研究的科研机构。为了了解智能制造领域最前沿的研究成果，陈宇希望通过 AI 工具帮助他进行资料检索，以便更好地理解当前研究进展和未来发展方向。

任务要求：选择通用大模型工具，检索智能制造领域近三年来的学术研究进展和成果，根据陈宇的需求提供相关的研究报告摘要和全文链接，提供利用大模型进行资料搜集的最佳路径与工具。

指令设计

【要点 1】基本信息输入：向大模型提供陈宇的基本信息，包括职位、工作经验等。

【要点 2】角色定位：向大模型明确其角色为智能制造研究资料检索助手，具备丰富的资料搜集检索经验，能够全面获取近三年的前沿研究成果。

【要点 3】需求提炼：围绕业务场景，向大模型表述"智能制造""研究进展""未来发展方向"等关键词。

【要点 4】输出设定：向大模型陈述要获得哪些方面的帮助，例如获取智能制造领域近三年的前沿研究成果，要求列示检索结果的内容、格式等。

【要点 5】输出优化：根据大模型提供的初步方案，结合目标需求向大模型下达进一步优化后的问题指令。

参考指令与生成

【基本指令】陈宇是一位年轻的研究员，专注于智能制造领域研究。他希望通过 AI 工具帮助他进行资料检索，以便更好地理解当前研究进展和未来发展方向。假设你是智能制造研究资料检索助手，请检索智能制造领域近三年的前沿研究成果，以作者、文献名称、文献主要观点和全文来源的方式列举出来，要求尽可能列举全部最新成果。

【AI 生成】

陈宇研究员，我为您检索了智能制造领域近三年的前沿研究成果，以下是一些精选的文献列表，包括作者、文献名称、主要观点和全文链接。

1. 作者：王昶、林鹏飞、宋慧玲、周思源

文献名称：中国地方智能制造政策要素与底层逻辑分析

主要观点：文章通过 LDA 主题模型识别中国省级行政区智能制造政策文件中的关键政策要素，并运用 ISM 解释结构模型分析政策要素间的关系及政策制定的底层逻辑。

全文来源：中国知网

2. 作者：刘洪、仲泰林、彭乔依

文献名称：智能制造何以驱动企业新质生产力发展——来自智能制造试点示范项目推广的证据

主要观点：文章运用多期双重差分模型实证研究了智能制造与企业新质生产力之间的因果效应。

全文来源：中国知网

3. 作者：胡乃瑞、朱文林、李玉峰、安天洋、李光旭

文献名称：面向智能制造场景的基于神经隐式地图的 RGB-D SLAM

主要观点：文章提出了一种基于神经隐式表达的面向智能制造场景的端到端 RGB-D SLAM 系统，称为 NPF-SLAM。

全文来源：中国知网

……

这些文献代表了智能制造领域的最新研究动态，涵盖了从技术创新到管理实践的多方面内容。建议定期查阅相关期刊和会议记录，以保持最新的研究视角。

在学术资料检索方面，不同种类、不同版本的大模型功能差异较大。在使用过程中可基于案例 8-2 中提供的技巧，如扩大检索关键词、多种大模型联合、结合专业资源库检索等方法，保证专业资料获取的全面性。本案例是利用讯飞星火的学术科研文献助理生成的。

图 8-1 是百度学术检索结果，可以单击链接查看原文。

百度学术检索助手是一个集文献、期刊、学者检索及多种学术服务于一体的综合性学术资源搜索平台，由百度公司推出。通过整合国内外广泛的信息来源，为科研工作者提供全面、精准、便捷的学术资源检索与利用体验。

图 8-2 是秘塔 AI 搜索结果，右侧显示了文献的原文。

秘塔 AI 搜索工具基于全网搜索、学术搜索和博客搜索三种形式，获取互联网上的广泛内容，包括学术文献、研究报告和博客文章及个人网站等资料。搜索结果还提供资料相关时间、相关组织、相关人物信息以及资料来源链接，能够直接查看文献原文。

使用: 百度学术检索助手 ⌄

1. 【期刊】 智能制造——"中国制造2025"的主攻方向: 智能制造是新一轮工业革命的核心技术, 也是中国制造
   2025的主攻方向。**周济** —— **《中国机械工程》** —— 2015

2. 【期刊】 工业4.0和智能制造: 智能制造是工业4.0核心理念下, 通过信息系统与物理系统深度融合实现的智能
   工厂生产模式。**张曙** —— **《机械设计与制造工程》** —— 2014

3. 【会议】 智能制造——"中国制造2025"的主攻方向: 智能制造通过互联网与制造业深度融合, 实现个性化定
   制、全生命周期管理等创新服务模式。**周济** —— **工业4,0与中国制造—第204场中国工程科技论坛暨智能制
   造国际会议** —— 2015

4. 【期刊】 走向绿色和智能制造(二): 智能制造是全球机械制造业的发展趋势, 旨在应对环境和能源挑战与机遇
   下推动战略性新兴产业的崛起。**路甬祥** —— **《电气制造》** —— 2010

5. 【图书】 敏捷化智能制造系统的重构与控制: 智能制造涵盖敏捷化系统重构、资源集成与选择, 以及自动化
   制造建模与控制技术。**李培根** —— **机械工业出版社** —— 2003

6. 【图书】 中国制造业发展研究报告2019:中国制造40年与智能制造: 智能制造是中国制造业发展的主线, 引领
   并推动其向智能化转型升级。**李廉水等着** —— **科学出版社** —— 2019

图 8-1　百度学术检索结果

图 8-2　秘塔 AI 搜索结果

8.2　专业咨询

在专业咨询方面, 大模型的应用涵盖了智能知识问答、政策解读分析、个性化推荐、政
策制定辅助、政策咨询服务以及政策智能服务中台等多个方面。其中最为常用的是智能知识
问答和政策解读分析等。这些应用不仅提高了专业知识学习和政策咨询的效率, 还增强了政
策的透明度和公众参与度, 为政府治理和社会发展提供了有力支持。

🌐 【应用场景 1】知识普及

案例 8-4：劳资知识解答

案例背景： 周女士是一位 39 岁的人力资源部经理，负责一家中型企业的员工招聘、入职、离职、培训、绩效管理等各项人力资源工作，同时提供劳动关系管理和咨询。在这个过程中，需要确保所有操作都符合《中华人民共和国劳动法》和《中华人民共和国劳动合同法》的规定，以维护公司和员工的合法权益。周女士希望借助 AI 工具帮助她解答人力资源管理工作及员工咨询中遇到的各种专业问题。

任务要求： 利用任意大模型工具，帮助周女士解答人力资源管理工作及员工咨询中遇到的各种专业问题。

指令设计

【要点 1】基本信息录入：向大模型提供问题。

【要点 2】角色定位：向大模型明确其角色为人力资源管理顾问，熟悉《中华人民共和国劳动法》和《中华人民共和国劳动合同法》，具备解答人力资源管理、劳动关系管理等专业知识的能力。

【要点 3】需求提炼：围绕业务场景，向大模型表述"人力资源管理""劳动法""劳动合同法""专业知识"等关键词。

【要点 4】输出设定：向大模型陈述要获得哪些方面的帮助，例如解答具体问题、提供专业解决方案等。

【要点 5】输出优化：根据大模型提供的初步方案，结合目标需求向大模型下达进一步优化后的问题指令。

参考指令与生成

【基本指令】假设你是人力资源管理顾问，具备解答人力资源管理、劳动关系管理等专业知识的能力。请基于 2024 年现行《中华人民共和国劳动法》和《中华人民共和国劳动合同法》来回答资料中的问题，同时显示援引的法律条款及其内容。

【AI 生成】

基于 2024 年现行的《中华人民共和国劳动法》和《中华人民共和国劳动合同法》，以下是对您提出问题的解答，包括相关法律条款及其内容。

1. 劳动法规定的最低就业年龄是多少岁？

《中华人民共和国劳动法》第十五条规定："禁止用人单位招用未满十六周岁的未成年人。"因此，最低就业年龄为十六周岁。

2. 根据劳动合同法，试用期最长不得超过多少个月？

《中华人民共和国劳动合同法》第十九条规定："劳动合同期限三个月以上不满一年的，试用期不得超过一个月；劳动合同期限一年以上不满三年的，试用期不得超过二个月；三年以上固定期限和无固定期限的劳动合同，试用期不得超过六个月。同一用人单位与同一劳动者只能约定一次试用期。"因此，试用期最长不得超过六个月。

3. 劳动合同应当自用工之日起多长时间内订立?

《中华人民共和国劳动合同法》第十条规定:"建立劳动关系，应当订立书面劳动合同。已建立劳动关系，未同时订立书面劳动合同的，应当自用工之日起一个月内订立书面劳动合同。"因此，劳动合同应当自用工之日起一个月内订立。

4. 加班工资的计算基数一般是多少?

加班工资的计算基数通常为劳动者正常工作时间的工资，即根据《中华人民共和国劳动法》第四十四条规定:"有下列情形之一的，用人单位应当按照下列标准支付高于劳动者正常工作时间工资的工资报酬:（一）安排劳动者延长工作时间的，支付不低于工资的百分之一百五十的工资报酬;……"这里提到的"工资"通常指的是劳动者正常工作时间的工资。

5. 劳动法规定的劳动者每日工作时间不超过多少小时?

《中华人民共和国劳动法》第三十六条规定:"国家实行劳动者每日工作时间不超过八小时、平均每周工作时间不超过四十四小时的工时制度。"因此，劳动者每日工作时间不得超过八小时。

> **提示**
>
> 同时利用通义千问、讯飞星火以及文心一言对比测试题的解答结果，对于答案不一致的问题，要求大模型再次理解确认，必要时候需要人为确定答案并传递给大模型。

【优化指令】第 4 个问题，关于加班工资的计算基数现存在争议，请再次理解相关法律条款，给出正确无误的答案。

【AI 生成】

根据《中华人民共和国劳动法》第四十四条的规定，加班工资的计算标准如下:

- 安排劳动者延长工作时间的，支付不低于工资的百分之一百五十的工资报酬;
- 休息日安排劳动者工作又不能安排补休的，支付不低于工资的百分之二百的工资报酬;
- 法定休假日安排劳动者工作的，支付不低于工资的百分之三百的工资报酬。

这里的"工资"指的是劳动者正常工作时间的工资，也就是劳动者在标准工作时间内应得的基本工资，不包含奖金、津贴等额外收入。具体而言，《中华人民共和国劳动法》虽然没有直接定义加班工资的计算基数，但在实践中，加班工资的计算通常是基于劳动者的基本工资或岗位工资，这是指劳动者在标准工作时间内完成基本工作任务所应得的报酬。

因此，加班工资的计算基数一般为劳动者在标准工作时间内的基本工资或岗位工资。这在实际应用中是一个广泛接受的标准，确保了加班工资能够合理反映劳动者因额外工作时间而应得的报酬。

大模型就存在争议的问题答案给出了直接的解释，显示了一定的专业性。可以采用相同的思路，利用大模型来解答各种实践问题。

✍ 牛刀小试

请根据下列实训背景和任务要求设计提示词，完成大模型内容生成。

实训背景： 王女士在一家制造工厂担任生产线工人，负责操作机器进行零部件加工。某日，在正常工作期间，由于机器突然发生故障，王女士在查看时不慎被机器夹伤手指，导致严重骨折，需立即送往医院接受治疗。王女士的受伤是否属于工伤？工厂应如何承担王女士的医疗费用及后续的工伤赔偿？

任务要求： 利用大模型对王女士工伤判定及赔偿事宜等相关专业问题进行解答。

🌐【应用场景 2】政策咨询

案例 8-5：创业项目咨询

案例背景： 金先生是一位 35 岁的创业者，计划在小区内开设一家小型便利店。金先生希望这家便利店能够满足周边居民的日常购物需求，包括食品、饮料、日用品等。为了确保便利店能够顺利开业并运营，金先生需要了解相关的财务和税务知识。他希望通过 AI 工具帮助他解答关于便利店运营相关的政策和财税问题，并提供相关指导。

任务要求： 请利用任意大模型工具，设计指令帮助金先生进行开店政策咨询，以保证便利店能够顺利开业并运营。

指令设计

【要点 1】基本信息输入：向大模型提供开设便利店的基本信息，包括地址、规模、营业范围等。

【要点 2】角色定位：向大模型明确其角色为创业咨询顾问，熟悉便利店开办、运营的各项财税政策要求，具备便利店财务咨询与税务指导能力。

【要点 3】需求提炼：围绕业务场景，向大模型表述"经营手续""财务政策""税务政策"等关键词。

【要点 4】输出设定：向大模型陈述要获得哪些方面的帮助，例如解答各种政策咨询及提供经营建议等。

【要点 5】输出优化：根据大模型提供的初步方案，结合目标需求向大模型下达进一步优化后的问题指令。

参考指令与生成

【基本指令】金先生计划在小区内开设一家小型便利店，营业场址约 100 平方米，经营食品、饮料、日用品等，以满足周边居民的日常购物需求。假设你是他的创业咨询顾问，熟悉便利店开办、运营的各项财税政策要求，具备便利店财务咨询与税务指导能力。请说明开办这样一家便利店需要办理哪些必需的手续，启动资金预计为多少。

【AI 生成】

金先生计划在小区开设一家小型便利店，这是一个满足周边居民日常需求的良好商业计划。作为他的创业咨询顾问，我将详细说明需要办理的必要手续以及启动资金的预算。

必需的手续

1. 工商营业执照

前往当地市场监督管理部门申请，提交店面房产证复印件（或租房协议书）、店主身份证复印件及一寸照片等材料。

提交经营计划和范围文档，确保信息准确，并留意有效期限，及时续期。

2. 食品经营许可证

便利店销售食品，须向当地食品安全监督管理部门申请食品经营许可证。

提交店主身份证、店铺布局图、食品安全管理制度等材料。

注意食品安全法规和卫生标准动态，定期自查。

3. 烟草专卖许可证（如销售烟草）

如计划销售烟草制品，须向当地县区级的烟草局申请。

提交店主身份证、营业执照、店铺实景照片、烟草销售计划等材料。

4. 员工健康证

便利店的员工需要到当地卫生防疫部门办理健康证，确保员工的健康状况符合食品安全要求。

5. 其他可能的手续

根据当地规定，可能还需要办理市容管理审批、消防验收等手续。

启动资金预算

对于一家约 100 平方米的小型便利店，启动资金预算大致如下。

1. 租赁费用：根据店铺的位置、面积和租期而定，假设每月租金为 0.8 万元（中等水平），初期可能需要支付 3 个月的租金作为押金，即 2.4 万元。

2. 装修费用：包括店面装修、货架、收银台等设施，预计费用在 4 万元到 6 万元之间，取平均值 5 万元。

3. 设备成本：便利店需要购买收银机、冷柜、货架等设备和器具，预计成本在 3 万元至 5 万元之间，取平均值 4 万元。

4. 商品采购成本：首次进货的费用根据店铺规模和经营品种而定，预计需要采购食品、饮料、日用品等，成本在 6 万元到 8 万元之间，取平均值 7 万元。

5. 员工工资：假设初期雇用 2 名员工，每月工资总计 1.6 万元（含社保等费用），初期可能需要预留 3 个月的工资作为预备金，即 4.8 万元。

6. 其他杂费：包括广告宣传费、保险费、水电费等，预计初期需要准备 1 万元左右。

综合以上各项费用，金先生开设这家小型便利店的启动资金预算在 24.2 万元左右。当然，这只是一个大致的估计，具体费用还需根据实际情况和当地市场环境进行调整。

> **提示**
>
> 除了了解基本预算和必需手续，金先生还可以就便利店要遵循的税务政策进行详细咨询，比如要求大模型就便利店需要缴纳的税费种类、计缴标准、优惠政策等进行深入解读。对于不清楚的细节和注意事项可展开询问。这里不再举例。

训练提升

财务知识问答

实训背景： 小智毕业后入职了一家代账公司，成为一名记账会计专员。他的工作职责之一是为客户提供初级财务咨询服务，旨在解决客户在财务知识和财务制度方面的疑问。为了提高工作效率，他希望利用大模型初步解答这些问题，然后根据 AI 提供的答案进行进一步加工，以向客户提供更优质的服务。

视频资料

财务知识问答

他相信在自己的不懈努力下，客户一定会感受到他的专业性和高效性，从而在工作岗位上取得更多的成功！

任务描述：

（1）下载"财务知识问答实验附件 1"，使用大模型帮助小智完成实验内习题的解答，统计无干扰情况下题目正确率。

（2）对于实验中的错题，使用提供参考文本的方式进行优化提问，尽量提高答题的正确率。整理题库题目和答案（如仍有错误答案，进行标记后人工解答），形成文档后上传至平台，完成题库建设任务。

（3）下载"财务知识问答实验附件 3"和"财务知识问答实验附件 4"，使用提供参考文本的方式进行提问，获取目标单位财务制度和财务流程的解答。

指令要点：

（1）明确任务目标：为了让大模型更好地了解任务目标，需要向大模型下达与任务目标相关的指令。【指令 1】

（2）设置角色身份：为了让大模型更好地匹配回答内容，需要向大模型明确其代表的角色身份和具备的相关技能。【指令 2】

（3）补充背景信息：在提问之前，需要通过关键词提炼，交代业务的背景信息，描述业务详情。背景描述有助于确保回答更加精准、有针对性，更好地贴合用户需求。【指令 3】

（4）补充细节要求：根据需求分析的结果，构建具体详细的问题表述，包括输出答案的内容与格式，以便大模型能够针对这些信息提供更准确、更有针对性的回答。【指令 4】

（5）持续优化：在指令依次发布的过程中，需要根据大模型的回答结果不断优化指令。这可能包括补充信息、调整表达方式等，以确保回答更好地理解和满足用户需求，提高答案质量和实用性。【指令 5】

（6）设置参考模板：为了让大模型更好地完成财务知识整理的任务，可以提供一些参考模板。这些模板可以是优秀的文本范例、语言表达规范等，以便大模型更好地模仿和学习，提高回答质量。

第9章 数据猎手：信息处理

学习目标 ▼

【知识目标】
- 掌握引导 AI 进行数据处理的提示技巧，了解如何将 AI 技术与 Excel、Python 等数据处理工具结合，实现快速数据分析与可视化操作

【能力目标】
- 能够在行业调研、人事管理、客户分析、财务分析、辅助编程等多种场景下应用 AI 大模型工具，提升数据获取、统计汇总及分析的工作效率

【素养目标】
- 培养数据思维，形成以信息工具为辅助、以数据分析为支撑的经营管理习惯，高效分析，科学决策

内容框架 ▼

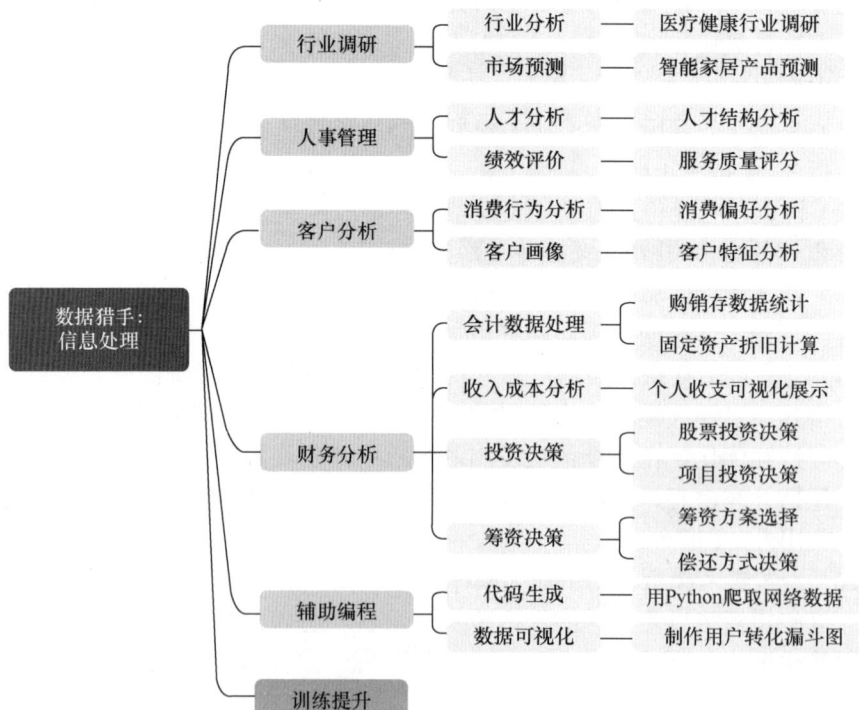

本章导读 ▼

芝加哥大学研究发现 GPT-4 在数据分析方面的潜力巨大，其企业收益预测上的表现优于人类分析师。2023 年 8 月，金蝶国际软件集团有限公司发布了中

国首款财务大模型，这是金蝶云·苍穹 GPT 的重要组成部分，旨在提供专业的财务分析、审核、预测、专家支持、报告生成和解读服务，以加速企业财务管理智能化的进程。2024年北京庖丁科技有限公司推出的 AutoDoc 财务数据复核工具，能够自动复核上市公司年报数据，提高复核效率和准确性，减少人工工作量。大量研究和应用都展示了大模型在数据分析、处理和决策过程中的重要作用。

9.1　行业调研

大模型具有深度数据洞察、自然语言处理、预测建模和趋势分析等功能，能够高效地处理和分析海量数据，提取关键信息，并基于历史数据进行趋势预测和模式识别。这些功能使大模型成为企业了解市场动态、优化决策、预测需求和评估风险的重要工具，极大地提升了行业分析和市场预测的效率与准确度，为企业制定战略和把握市场机遇提供了强有力的数据支持。

【应用场景 1】行业分析

案例 9-1：医疗健康行业调研

案例背景： 李娜是一家医疗设备制造公司的产品经理，她需要了解医疗健康领域的最新动态，特别是远程医疗服务和智能健康监测设备的发展方向。

任务要求： 利用大模型进行医疗健康行业的分析，预测远程医疗服务和智能健康监测设备的发展趋势，并分析这些技术如何改变医疗健康服务模式。

指令设计

【要点 1】 基本信息输入：向大模型提供李娜的基本信息，包括公司背景、职业、需求等信息。

【要点 2】 角色定位：向大模型明确其角色为扮演一名医疗健康行业分析师，擅长调研市场现状和分析发展趋势。

【要点 3】 需求提炼：围绕业务场景，向大模型表述"医疗健康""远程医疗""智能健康监测"等关键词。

【要点 4】 输出设定：向大模型陈述要获得哪些方面的帮助，例如分析医疗健康行业的发展现状，预测远程医疗服务和智能健康监测设备的发展趋势等。

【要点 5】 输出优化：根据大模型提供的初步方案，结合目标需求向大模型下达进一步优化后的问题指令。

参考指令与生成

【基本指令】 李娜是一家医疗设备制造公司的产品经理，她想了解医疗健康领域的最新动态，特别是远程医疗服务和智能健康监测设备的发展方向。假设你是一名医疗健康行业分析师，利用大模型对医疗健康行业的发展现状进行分析。要求利用数据、图表等工具详细展现行业现状。

【AI 生成】

为了帮助李娜更好地了解医疗健康领域的最新动态，尤其是远程医疗服务和智能健康监测设备的发展方向，我们将进行一次详细的行业分析。

1. 行业概览

（1）远程医疗服务

远程医疗服务是指利用通信技术、信息技术以及互联网技术，实现医生与患者之间远距离的诊疗服务。近年来，随着 5G 网络的普及和云计算技术的进步，远程医疗服务得到了快速发展。

① 技术驱动

5G 网络：提供更快的数据传输速度和更低的延迟，支持高质量的视频通话和实时数据传输。云计算：提供强大的数据处理能力和存储空间，支持大规模远程医疗服务的应用。人工智能：辅助医生进行诊断和治疗决策，提高医疗服务的准确性和效率。

② 政策支持

监管框架：政府出台了一系列支持远程医疗服务的政策，简化了服务流程，降低了准入门槛。医保报销：部分地区已经开始将远程医疗服务纳入医保报销范围，进一步推动了市场的发展。

③ 市场规模

根据最新的行业报告，预计全球远程医疗服务市场将以年复合增长率超过 20% 的速度增长，至 2028 年将达到数千亿美元的市场规模。

（2）智能健康监测设备

智能健康监测设备是指能够自动收集并分析个人健康数据的可穿戴设备或家用医疗设备。这些设备能够监测心率、血压、血糖等多种生理指标，并通过云平台进行数据分析。

① 技术进步

传感器技术：更小、更灵敏的传感器提高了数据采集的精度。人工智能算法：通过机器学习算法对大量数据进行分析，实现个性化健康管理建议。物联网技术：设备之间的互联互通使得数据可以在不同平台间共享。

② 应用场景拓展

慢性病管理：对于糖尿病、高血压等慢性疾病患者来说，持续的健康监测尤为重要。老年人护理：针对老年人的跌倒检测、紧急呼叫等功能进行了完善。运动健身：监测运动量、心率等数据，帮助人们制订更科学的锻炼计划。

③ 市场前景

预计到 2028 年，全球智能健康监测设备市场将达到数百亿美元的规模，其中可穿戴设备占据了较大的市场份额。

2. 数据分析

（1）远程医疗服务

① 使用率

根据调查数据显示，2023 年有超过 60% 的患者至少使用过一次远程医疗服务。高龄人群和居住在偏远地区的居民更倾向于选择远程医疗服务。

② 用户满意度

调查显示，约85%的用户对远程医疗服务表示满意，主要原因是方便快捷且能够节省时间和交通成本。

③ 发展趋势

整合医疗服务：将远程医疗服务与其他医疗服务（如预约挂号、药品配送）相结合，形成一站式的解决方案。虚拟诊所：通过建立虚拟诊所平台，提供更为全面的远程医疗服务。

（2）智能健康监测设备

① 销售情况

最近一年内，智能手环和智能手表的销量增长了约30%，成为最受欢迎的健康监测设备。家用血压计和血糖仪等传统设备也呈现出稳步增长的趋势。

② 用户偏好

年轻用户更偏好功能多样、设计时尚的智能手环和手表。中老年用户更关注设备的实用性和准确性。

③ 技术趋势

多模态数据融合：结合多种类型的生理数据，实现更全面的健康评估。个性化服务：根据用户的健康状况提供定制化的健康建议和服务。

3. 结论与建议

远程医疗服务和智能健康监测设备正在经历快速的发展阶段。随着技术的进步和市场需求的增长，这两个领域都显示出巨大的发展潜力。对于李娜所在的医疗设备制造公司而言，应抓住这一机遇，加大研发投入，开发更多符合市场需求的产品和服务。同时，还需要密切关注政策变化和技术更新，以便及时调整战略方向。

需要注意的是，上述分析基于现有的公开资料和行业趋势进行推断，具体的市场数据和图表需要通过专业的市场研究机构获得更为精确的信息。

> **提示**
>
> 大模型通过搜索功能可以获取和分析网络上的信息，为用户提供基于最新数据和信息的回答，体现行业最新进展。

【优化指令】在当前行业分析的基础上，预测远程医疗服务和智能健康监测设备的发展趋势，分析这些技术未来将如何改变医疗健康服务模式。生成一份内容完整、格式规范、行文专业的行业分析报告。

【AI 生成】

远程医疗服务与智能健康监测设备的发展趋势及其对医疗健康服务模式的影响

摘要

本报告旨在分析远程医疗服务与智能健康监测设备的最新发展态势，并预测其对未来医疗健康服务模式的影响。随着技术的不断进步和市场需求的增长，远程医疗服务与智能健康监测设备正逐渐成为医疗健康服务的重要组成部分。我们基于现有数据和行业趋势，探讨了这些技术的未来发展方向，并分析了它们将如何重塑医疗健康服务模式。

1. 引言

远程医疗服务与智能健康监测设备在近年来取得了显著进展。随着技术的不断成熟和应用场景的拓宽,预计这些领域将在未来几年内继续快速增长。

2. 远程医疗服务

2.1 当前市场概况

根据 Mordor Intelligence 的数据,远程医疗服务已证明在高压力时期能够改善健康结果,并与传统医疗保健服务相结合,预计社会将进一步增加对远程医疗服务的需求。远程医疗服务市场的增长因素包括医疗保健支出的增加、技术创新、远程患者监测需求的增加以及慢性病负担。

2.2 市场规模与增长预测

根据 Fortune Business Insights 的数据,预计到 2030 年远程医疗市场规模将达到 2 862.2 亿美元,2023—2030 年的复合年增长率为 17.2%。

2.3 主要驱动因素

医疗专业人员短缺;电信和远程医疗技术进步;政府举措和支持;慢性病负担加重;智能手机用户数量不断增加;AI、物联网、大数据和虚拟助手的增加;老龄人口的增长;医疗服务的可获取性和可负担性提高。

2.4 发展趋势

技术集成:远程医疗服务将更加集成人工智能、机器学习等先进技术,以提供更精准的服务。

无缝连接:5G 网络的推广将使得远程医疗服务更加流畅和可靠。

个性化服务:根据患者的具体情况提供个性化的医疗建议和治疗方案。

扩大覆盖范围:远程医疗服务将进一步渗透到农村和偏远地区,提高医疗服务的普及度。

3. 智能健康监测设备

3.1 当前市场概况

智能健康监测设备,如可穿戴设备和家用医疗设备,已成为消费者健康管理的重要工具。随着远程医疗与 AI 技术的发展,这些设备不仅在基层医疗机构市场得到广泛应用,也打开了家庭市场的大门。

3.2 市场规模与增长预测

据中研普华产业研究院的报告分析,预计智能健康监测设备市场将持续快速增长,特别是在可穿戴设备领域。

预计到 2028 年,全球智能健康监测设备市场将达到数百亿美元的规模。

3.3 主要驱动因素

消费者健康意识的提高;技术进步,如传感器技术和物联网技术;慢性病管理的需求增加;人口老龄化趋势。

3.4 发展趋势

多模态数据融合:结合多种类型的生理数据,实现更全面的健康评估。

个性化服务:根据用户的健康状况提供定制化的健康建议和服务。

集成式平台:将健康监测设备与远程医疗服务相结合,形成一站式健康管理解决方案。

4. 对医疗健康服务模式的影响

4.1　患者体验

便捷性：患者可以随时随地接受医疗服务，无须前往医院。

个性化：基于个人健康数据的个性化治疗建议和健康管理计划。

4.2　医疗资源分配

优化资源配置：远程医疗服务能够有效缓解医疗资源分布不均的问题。

减轻医疗系统压力：智能健康监测设备有助于早期干预，减少不必要的住院治疗。

4.3　成本效益

降低医疗成本：通过预防性医疗保健减少长期医疗开支。

提高效率：减少不必要的面对面就诊次数，提高医疗服务效率。

5. 结论

远程医疗服务与智能健康监测设备正在经历快速发展，预计将对未来的医疗健康服务模式产生深远影响。这些技术不仅提高了医疗服务的可获取性和可负担性，还改善了患者体验和医疗服务的质量。随着技术的进一步成熟和应用场景的不断拓展，预计远程医疗服务与智能健康监测设备将在未来几年内继续发挥重要作用，并成为医疗健康服务不可或缺的一部分。

附录

参考文献

1. 中研普华产业研究院. 2023—2028 年中国智慧健康监测设备行业发展分析与投资前景预测报告.

2.（略）

版权声明

本报告由[您的公司名称]编写，版权所有。未经许可，不得转载或引用报告中的任何内容。

联系方式

[您的公司名称]

地址：[地址]

电话：[电话号码]

电子邮箱：[电子邮箱]

本报告基于公开可用的信息撰写，尽管我们尽力保证信息的准确性，但不保证所有数据都是最新的或完全无误的。读者应自行验证关键信息。

◁ **提示** ▷

受限于生成规模，实务中可以将报告拆解成不同的部分，要求大模型做针对性的修改完善，以得到真实、准确、有指导意义的行业分析报告。

✍**牛刀小试**

请根据下列实训背景和任务要求设计提示词，完成大模型内容生成。

实训背景：长风公司计划在未来几个月内推出一款智能电动汽车。为了确保产品成功上市，公司市场分析师钱丹需要深入分析当前新能源汽车市场，以预测市场趋势，了解消费者偏好和竞争态势，以及当前影响市场反应的关键因素。

任务要求： 请运用大模型完成新能源汽车行业分析与预测，形成一份有指导意义的行业分析报告，满足长风公司当前诉求。

🌐【应用场景 2】市场预测

案例 9-2：智能家居产品预测

案例背景： 张伟是一位数据分析师，他所在的公司计划在未来几个月内推出一款新的智能热水器。为了确保产品的成功上市，张伟需要预测当前智能家居市场走势及用户对该产品的接受程度，并分析影响市场反应的关键因素。

案例数据： \案例资料\9-2 智能热水器信息

任务要求： 利用大模型进行智能家居行业的市场预测。基于现有数据和趋势预测产品上市后的市场表现。分析影响市场接受度的主要因素。提供数据驱动的策略建议。

指令设计

【要点 1】 基本信息输入：向大模型提供案例的基本信息，包括产品参数、产品特性及受众市场等。

【要点 2】 角色定位：向大模型明确其角色为一名智能家居行业分析师，具备智能热水器市场发展预测和数据分析能力。

【要点 3】 需求提炼：围绕业务场景，向大模型表述"智能家居""市场预测""数据分析"等关键词。

【要点 4】 输出设定：向大模型陈述要获得哪些方面的帮助，例如提供一份市场预测报告，包括产品上市后的销售预测、市场份额估计、消费者调研结果等内容。

【要点 5】 输出优化：根据大模型提供的初步方案，结合目标需求向大模型下达进一步优化后的问题指令。

参考指令与生成

【基本指令】（上传智能热水器产品资料。）张伟是一位数据分析师，他所在的公司计划在未来几个月内推出这款智能热水器产品。假设你是一名智能家居行业分析师，具备智能热水器市场发展预测和数据分析能力。请帮助张伟进行智能热水器行业市场调研，预测市场走势及市场对该产品的接受程度，分析影响市场反应的关键因素。

【AI 生成】

智能热水器行业市场调研与市场走势预测

1. 市场背景分析

随着智能家居市场的快速发展，智能热水器作为其中的重要组成部分，正逐渐受到消费者的关注。当前，年轻家庭、科技爱好者、环保意识较强的消费者以及中老年人群对智能家居产品的需求日益增加，为智能热水器的市场推广提供了广阔的空间。

2. 目标市场分析

（1）年轻家庭：作为智能家居产品的主要消费群体，年轻家庭注重现代科技和智能生活方式，对智能热水器的智能控制、远程操作等功能有较高的接受度。此外，他们对产品的外观设计、用户体验和售后服务也有较高要求。

（2）科技爱好者：这类群体热衷于尝试新技术，对智能热水器的最新技术特点如物联网集成、智能学习算法等尤为关注。他们可能通过科技博客、论坛等渠道获取产品信息，并愿意为最新技术支付溢价。

（3）环保意识较强的消费者：随着环保意识的提升，越来越多的消费者开始关注产品的节能性。智能热水器的节能模式和低能耗运行将吸引这类消费者，尤其是那些愿意为环保付出一定溢价的用户。

（4）中老年人群：中老年人群虽然对新技术的接受度相对较低，但他们注重产品的可靠性和安全性。智能热水器的易用性、一键操作和紧急关闭功能将符合他们的需求。同时，通过电视广告和传统媒体进行宣传，可以有效触达这部分人群。

（5）租房人群：对于经常搬家的租房者来说，便携性和易安装性是他们选择智能家居产品的重要考虑因素。智能热水器的无须永久安装选项和租赁或分期付款选项将吸引这类用户。

3. 市场走势预测

（1）智能功能将成为市场主流：随着智能家居技术的不断进步和消费者对智能化需求的增加，智能热水器将逐渐成为市场主流。其智能控制、远程操作、恒温控制等功能将大大提升用户体验，促进产品销量的增长。

（2）节能环保将成为重要卖点：随着环保意识的提升和能源成本的上升，消费者将更加关注产品的节能性和环保性。智能热水器的节能模式和低能耗运行将成为吸引消费者的重要因素之一。

（3）渠道多元化发展：智能热水器的销售渠道将逐渐多元化，包括线上电商平台、线下实体店、社交媒体和租房网站等。不同的消费群体将通过不同的渠道获取产品信息并进行购买决策。

（4）价格战将趋于理性：随着市场竞争的加剧和消费者对产品品质要求的提高，智能热水器的价格战将趋于理性。企业将更加注重产品的品质和差异化竞争，以赢得消费者的青睐。

4. 影响市场反应的关键因素

（1）产品功能：智能热水器的功能是否齐全、实用且易用，将直接影响消费者的购买决策。企业应不断优化产品功能，提升用户体验。

（2）价格定位：合理的价格定位是赢得市场份额的关键。企业应根据目标市场的消费能力和竞争状况制定合理的价格策略。

（3）营销策略：有效的营销策略可以提高产品的知名度和美誉度。企业应针对不同的消费群体制定差异化的营销策略，通过多种渠道进行宣传推广。

（4）售后服务：完善的售后服务可以提升消费者的满意度和忠诚度。企业应建立完善的售后服务体系，为消费者提供及时、专业的技术支持和维修服务。

综上所述，智能热水器市场具有广阔的发展前景和巨大的市场潜力。通过深入了解目标市场的需求和特点，制定合理的市场策略和产品策略，企业有望在市场竞争中脱颖而出并取得成功。

【优化指令】请进一步分析该智能热水器上市后的销售预测、市场份额估计等，从全国智

能热水器销售情况看，公司应该把哪个地区作为产品重点推广区域，请给出一些营销建议。

【AI 生成】

智能热水器市场销售预测与营销策略建议

1. 销售预测与市场份额估计

（1）销售预测：根据行业分析与市场趋势，预计智能恒温燃气热水器在上市首年将销售 120 万台。考虑到产品定位满足了年轻家庭、科技爱好者、环保消费者等多元需求，预测未来三年内，销量将以每年 18% 的复合增长率稳步上升。

（2）市场份额估计：初步估计，上市初期智能热水器将占据市场份额的 3%，随着品牌影响力的增强与市场推广的深化，目标在三年内市场份额扩大至 8%。

2. 重点推广区域分析

一线与新一线城市（如北京、上海、深圳、杭州）：消费者对智能热水器的接受度高，预计贡献 40% 的销售份额。

东部沿海发达地区（如江苏、浙江、广东）：环保意识与经济条件优越，预计贡献 30% 的销售份额。

中部地区省会及经济强市（如武汉、长沙、郑州）：城镇化进程推动需求增长，预计贡献 30% 的销售份额。

3. 营销策略建议

（1）针对年轻家庭与科技爱好者：运用微博、抖音、小红书等平台，精准推送智能功能与科技亮点，合作科技博主与网红进行推广。提供首购优惠、智能配件赠品等服务，激发尝鲜欲望。

（2）针对环保意识较强的消费者：突出产品节能认证与低能耗优势，与环保组织联名举办活动，传递绿色理念。实施节能积分计划，鼓励环保消费。

（3）针对中老年人群：电视广告、广播宣传，强调产品安全与便利。提供上门安装与详细使用指导，确保用户轻松操作。

（4）针对租房人群：租房平台与社区论坛精准营销，强调便携与易安装。推出租赁与分期付款选项，降低购买门槛。

（5）全国范围内推广：举办新品体验活动，邀请目标消费者现场体验。与家电卖场、电商平台合作，拓宽销售渠道与覆盖范围。加强售后服务，确保快速响应与安装服务，提升用户满意度。

通过上述精准定位与多渠道推广，智能热水器将有效渗透目标市场，实现销售目标与市场份额的双提升。

大模型能够精准把握市场趋势，做好产品研发前的市场分析与预测。

9.2 人事管理

大模型在人才管理方面的功能主要体现在其能够通过分析员工的工作表现、技能、行为和反馈数据，为企业提供深入的人力资源洞察。它可以帮助识别员工的潜力和优势，预测职业发展路径，同时通过自然语言处理技术分析员工的沟通和协作模式，从而优化团队配置。此外，大模型还能辅助进行招聘筛选，通过评估候选人的简历和面试表现，预测其与岗位的匹配度，以及在员工培训和发展计划中提供个性化推荐，帮助员工提升技能，促进其职业成长。

🌐【应用场景 1】人才分析

案例 9-3：人才结构分析

案例背景：王芳是一家大型制造企业的 HR 经理，她需要对公司的人才构成进行分析，以便制定更为合理的人力资源策略。

案例数据：\案例资料\9-3 职工档案管理

任务要求：利用大模型进行企业人才构成分析，包括员工年龄分布、性别比例、学历水平等指标，并提供人才发展策略建议。

指令设计

【要点 1】基本信息输入：向大模型提供案例的基本信息，包括员工姓名、编号、部门、学历等基础档案信息。

【要点 2】角色定位：向大模型明确其角色为人力资源分析师，具备人才构成分析能力。

【要点 3】需求提炼：围绕业务场景，向大模型表述"工龄""部门构成""学历构成"等关键词。

【要点 4】输出设定：向大模型陈述要获得哪些方面的帮助，例如提供一份人才构成报告，包括员工年龄分布、性别比例、学历构成、工龄分布等内容。

【要点 5】输出优化：根据大模型提供的初步方案，结合目标需求向大模型下达进一步优化后的问题指令。细化分析维度，提供定制化的人才发展策略建议。

参考指令与生成

【基本指令】假设你是人力资源分析师，具备人才构成分析能力。请根据员工档案资料，分析员工性别构成、学历构成、部门构成，在 Excel 中绘制饼图。

【AI 生成】

为了完成这个任务，我们首先需要从提供的职工档案数据中提取出相关的统计信息，然后使用这些信息来创建饼图以展示性别构成、学历构成和部门构成。下面是根据给定的数据进行的初步分析。

性别构成——男性：18　女性：13

学历构成——研究生：5　本科：10　专科：16

部门构成——办公室：2　人事部：5　销售部：7　电商部：6　市场部：5　后勤部：2　财务部：4

接下来，我将指导你如何在 Excel 中绘制这些数据的饼图。如果你手头有 Excel 软件并且愿意跟随我的步骤操作，请按照下面的指示进行。

1. 打开 Excel 文件，并新建一个工作表。

2. 输入数据：在 A 列输入类别名（如"男性""女性"），在 B 列输入对应的数值。

3. 选择数据：选中 A 列和 B 列的数据。

4. 插入饼图：单击"插入"选项卡，在"图表"组中找到"饼图"图标并单击它，选择一个基本的饼图样式。

对于性别构成饼图：

A1：男性　　B1：18　　A2：女性　　B2：13

对于学历构成饼图：

A1：研究生　　B1：5　　A2：本科　　B2：10　　A3：专科　　B3：16

对于部门构成饼图：

A1：办公室　B1：2　A2：人事部　B2：5　A3：销售部　B3：7

A4：电商部　B4：6　A5：市场部　B5：5　A6：后勤部　B6：2

A7：财务部　B7：4

绘制饼图的步骤：

1. 选中包含数据的单元格区域。

2. 在 Excel 的"插入"标签页中，单击"饼图"图标。

3. 选择一个基本的饼图样式。

4. 调整饼图的样式和布局以满足你的需求。

如果你需要进一步的帮助或者具体的 Excel 文件示例，请告诉我。我可以提供更详细的指导或者帮助你理解如何创建这些饼图。

【优化指令】计算员工年龄和工龄，年龄=2024（当前年份）-出生年份，工龄=2024（当前年份）-最初入职年份，再以 10 年为组距，分别对员工年龄、工龄进行分组，统计每组人数，同时生成 Excel 操作的公式。

【AI 生成】

年龄计算

对于王宇（HF001），年龄为 2024（当前年份）-1985=39（岁）。

对于刘晓玲（HF002），年龄为 2024（当前年份）-1982=42（岁）。

（以此类推）

工龄计算

对于王宇（HF001），工龄为 2024（当前年份）-2009=15（年）。

对于刘晓玲（HF002），工龄为 2024（当前年份）-2005=19（年）。

（以此类推）

Excel 公式示例

年龄计算

假设出生年份位于 B 列，则年龄计算公式可以写在 C 列，如：

C2=2024-YEAR(B2)

工龄计算

假设最初入职年份位于 D 列，则工龄计算公式可以写在 E 列，如：

E2=2024-YEAR(D2)

分组统计

我们可以使用 Excel 中的 COUNTIFS 函数来进行分组统计。

年龄分组统计公式

20～29 岁：COUNTIFS(C:C,">=",20,C:C,"<",30)

30～39 岁：COUNTIFS(C:C,">=",30,C:C,"<",40)

40～49 岁：COUNTIFS(C:C,">=",40,C:C,"<",50)

50～59 岁：COUNTIFS(C:C,">=",50,C:C,"<",60)

60 岁及以上：COUNTIFS(C:C,">=",60)

工龄分组统计公式

0～9 年：COUNTIFS(E:E,">=",0,E:E,"<",10)

10～19 年：COUNTIFS(E:E,">=",10,E:E,"<",20)

20～29 年：COUNTIFS(E:E,">=",20,E:E,"<",30)

30 年及以上：COUNTIFS(E:E,">=",30)

基于以上公式，我们可以得到年龄和工龄的分组统计。例如，我们可以看到有若干员工处于不同的年龄和工龄阶段。由于数据量较大，这里不一一列出每位员工的具体计算结果，但您可以直接在 Excel 中应用上述公式来得到具体的结果。

如果您需要具体的统计数据或者进一步的帮助，请告诉我！

提示

按照大模型的提示，如果根据指令不能得到满意的答案或者计算有误，可以将指令进一步细化，分次提问。通常大模型针对单一问题的回答准确率更高。

【应用场景 2】绩效评价

案例 9-4：服务质量评分

案例背景： 羽翼公司对其服务进行年终评价。根据目标值和实际值计算物流配送及时率、采购成本控制率、采购质量合格率、材料质量事故发生次数、制度流程建设完成率及服务优化任务完成率指标，同时根据考核标准进行赋分。

案例数据： \案例资料\9-4 服务质量评分

任务要求： 利用大模型完成各项指标的计算和赋值，要求以完整小数位数引用计算，计量单位为%的指标值和带有%的项目，以%形式四舍五入保留 2 位小数计算答案，如 3.50%，其余结果四舍五入保留 2 位小数计算答案；同时完善公司服务评价指标体系，针对存在问题给出合理的考核建议。

指令设计

【要点 1】基本信息输入：向大模型提供案例的基本信息，包括公司情况、业务等内容。

【要点 2】角色定位：向大模型明确其角色为制造企业绩效评价专家，具备目标考核与服务质量评价的能力。

【要点 3】需求提炼：围绕业务场景，向大模型表述"物流配送及时率""采购成本控制率""赋分"等关键词。

【要点 4】输出设定：向大模型陈述要获得哪些方面的帮助，例如要求大模型计算指标，完善公司服务评价指标体系，给出合理评估的建议。

【要点 5】输出优化：根据大模型提供的初步方案，结合目标需求向大模型下达进一步优化后的问题指令。

参考指令与生成

【基本指令】假设你是制造企业绩效评价专家，请完成"物流配送及时率""采购成本控制率""采购质量合格率""材料质量事故发生次数""制度流程建设完成率"及"服务优化任务完成率"指标计算。其中，"材料质量事故发生次数"指标的完成率=2−实际值÷目标值；其他指标均可由实际值÷目标值计算得到。注意计算过程应引用完整小数位数运算，计算结果的表示形式按照以下规则：计量单位为%的指标值和带有%的项目，以%形式四舍五入保留 2 位小数计算答案，如 3.50%，其余结果四舍五入保留 2 位小数计算答案。加权得分为每个指标与其对应权重的乘积之和。

【AI 生成】

根据提供的表格中的数据，我们可以开始计算各项指标的完成率和得分。首先，我们来定义计算步骤。

1. 对于百分比类型的指标，完成率=实际值÷目标值×100%。
2. 对于"材料质量事故发生次数"，完成率=2−(实际值÷目标值)×100%。
3. 得分依据完成率对照给定的评分标准确定。
4. 加权得分=指标的得分×权重。

让我们逐一计算这些指标。

物流配送及时率

- 目标值=95%

- 实际值=92%

- 完成率=92%÷95%×100%=96.84%

- 根据评分标准，完成率介于 90%～100%，因此得分为 90 分。

- 加权得分=90×20%=18

采购成本控制率

- 目标值=5%

- 实际值=7%

- 完成率=7%÷5%×100%=140.00%

- 根据评分标准，完成率大于 100%，因此得分为 100 分。

- 加权得分=100×25%=25

采购质量合格率

- 目标值=100%

- 实际值=99%

- 完成率=99%÷100%×100%=99.00%

- 根据评分标准，完成率介于 90%～100%，因此得分为 90 分。

- 加权得分=90×25%=22.5

材料质量事故发生次数

- 目标值=5 次

- 实际值=4 次

- 完成率=2−(4÷5)×100%=2−80%=120%

- 根据评分标准，完成率大于 100%，因此得分为 100 分。

- 加权得分=100×10%=10

制度流程建设完成率

- 目标值=100%

- 实际值=99%

- 完成率=99%÷100%×100%=99.00%

- 根据评分标准，完成率介于 90%～100%，因此得分为 90 分。

- 加权得分=90×10%=9

服务优化任务完成率

- 目标值=95%

- 实际值=88%

- 完成率=88%÷95%×100%=92.63%

- 根据评分标准，完成率介于 90%～100%，因此得分为 90 分。

- 加权得分=90×10%=9

 计算总加权得分

- 总加权得分=18+25+22.5+10+9+9=93.5

以上是各项指标的完成率、得分以及加权得分的具体计算结果。请检查是否符合要求。

【优化指令】好的。假设在 Excel 中操作，请设计各指标的计算公式。同时，针对指标评价反映的问题，给出改进流程服务的合理建议。

【AI 生成】

为了在 Excel 中计算这些指标，我们需要为每个指标编写相应的公式。以下是具体的公式设计。

物流配送及时率

完成率："=B5/C5*100"（假设 B5 单元格存放实际值，C5 单元格存放目标值）

得分："=VLOOKUP(D5,{90,90;100,100},2,FALSE)"（假设 D5 单元格存放完成率）

加权得分："=E5*F5"（假设 E5 存放得分，F5 单元格存放权重）

采购成本控制率

完成率："=B6/C6*100"（假设 B6 单元格存放实际值，C6 单元格存放目标值）

得分："=VLOOKUP(D6,{90,90;100,100},2,FALSE)"

加权得分："=E6*F6"

采购质量合格率

完成率："=B7/C7*100"（假设 B7 单元格存放实际值，C7 单元格存放目标值）

得分："=VLOOKUP(D7,{90,90;100,100},2,FALSE)"

加权得分："=E7*F7"

材料质量事故发生次数

完成率："=2-B8/C8*100"（假设 B8 单元格存放实际值，C8 单元格存放目标值）

得分："=VLOOKUP(D8,{100,100},2,FALSE)"

加权得分："=E8*F8"

制度流程建设完成率

完成率："=B9/C9*100"（假设 B9 单元格存放实际值，C9 单元格存放目标值）

得分："=VLOOKUP(D9,{90,90;100,100},2,FALSE)"

加权得分："=E9*F9"

服务优化任务完成率

完成率："=B10/C10*100"（假设 B10 单元格存放实际值，C10 单元格存放目标值）

得分："=VLOOKUP(D10,{90,90;100,100},2,FALSE)"

加权得分："=E10*F10"

总加权得分

总加权得分："=SUM(G5:G10)"（假设 G5:G10 单元区域存放各项指标的加权得分）

请注意，上述公式中的单元格地址需要根据你的实际表格布局进行调整。例如，如果你的数据不在默认的单元格位置，你需要更改上述公式中的单元格引用。

针对指标评价反映的问题，给出改进流程服务的合理建议。

1. 物流配送及时率

分析延误原因，优化物流规划和调度。提升物流信息系统效率，确保订单处理及时。加强与供应商和运输商的沟通协作。

2. 采购成本控制率

评估供应商定价策略，寻找性价比更高的供应商。通过集中采购、长期合作等方式降低成本。强化成本意识，实施成本控制培训。

3. 采购质量合格率

增加质量检测环节，提高检验频率。对供应商进行定期评估，确保质量稳定。采用先进的质量管理方法和技术。

4. 材料质量事故发生次数

加强材料入库前的质量检查。对材料供应商进行更严格的资质审查。建立事故响应机制，减少事故影响范围。

5. 制度流程建设完成率

明确流程节点的责任人和时间节点。定期审查和更新制度流程，确保其适用性和有效性。提供制度流程培训，确保员工理解并遵守。

6. 服务优化任务完成率

收集客户反馈，识别服务瓶颈。设立专门的服务优化团队，持续改进服务流程。利用技术手段，如自动化工具和服务平台，提升服务效率。

通过以上措施，可以有效地改善各项指标，从而提高整体服务质量。

> **提示**
>
> AI 生成技术不仅可以提供 Excel 公式、函数等操作说明，也可以生成 Python、SPSS 等数据处理、统计分析工具的应用过程。

牛刀小试

请根据下列实训背景和任务要求设计提示词，完成大模型内容生成。

实训背景：靓点珠宝公司是某地区最具时尚和设计价值的珠宝首饰企业之一，集珠宝首饰设计、研发、生产及销售为一体。现要借助大模型完成直营管理部 2024 年的 BSC（Balanced Score Card，平衡计分卡）绩效评价。

任务要求：请计算各指标的完成率，并按计分方法计算各指标的得分，同时根据权重和各指标得分，得到直营管理部的加权得分。要求以完整小数位数引用计算，计算结果四舍五入保留 2 位小数，结果需用%形式四舍五入保留 2 位小数的百分数填列，如"3.50%"。

9.3　客户分析

通过自然语言处理和机器学习技术，大模型可以识别客户行为模式、偏好和需求，帮助企业更好地理解客户群体，包括情感分析以识别客户反馈的情感倾向，预测分析以预测客户行为，以及个性化推荐以提升客户体验。此外，大模型还能够从非结构化数据中（如社交媒体帖子或客户服务对话记录）提取洞察，为企业提供全面的客户视角，帮助制定更精准的市场策略和提高客户满意度。

【应用场景 1】消费行为分析

案例 9-5：消费偏好分析

案例背景：在数字化浪潮中，电商行业的竞争日趋激烈。作为一家电商公司的产品经理，李平肩负着洞察市场动态、把握消费者心理的重任。为了提升用户体验和增强产品竞争力，李平决定借助大模型对平台上的消费者行为进行细致地分析。

案例数据：\案例资料\9-5 历史订单数据

任务要求：利用大模型进行消费行为分析，分析用户的购物频率、商品类别偏好、营销类型偏好、销售渠道偏好、付款方式偏好等，提供产品营销策略。

指令设计

【要点 1】基本信息输入：向大模型提供案例的基本信息，包括商品类别、营销类型以及销售渠道等信息。

【要点 2】角色定位：向大模型明确其为消费行为分析师，具备用户行为分析能力。

【要点 3】需求提炼：围绕业务场景，向大模型表述"消费行为""购物偏好""营销类型"等关键词。

【要点 4】输出设定：向大模型陈述要获得哪些方面的帮助，例如提供一份消费行为分析报告，包括用户购物频率、商品类别偏好等内容。

【要点 5】输出优化：根据大模型提供的初步方案，结合目标需求向大模型下达进一步优化后的问题指令。细化推荐算法，提供定制化的产品推荐策略。

参考指令与生成

【基本指令】假设你是消费行为分析师，具备电商行业消费行为洞察与分析能力。请根据上传的历史订单数据，对用户的购物频率、商品类别、营销类型和销售渠道、付款方式进行统计分析，给出消费者行为偏好规律。

【AI 生成】

为了对用户的购物频率、商品类别、营销类型以及销售渠道和付款方式进行统计分析，我们先从提供的历史订单数据中提取关键信息。以下是基于这些数据的关键观察点和总结。

1. 购物频率

数据覆盖了多个时间段，从 2019 年 6 月到 2021 年 1 月。

通过查看订单编号和客户编号，可以看出一些客户进行了多次购买，例如 CU0013、CU0014 等客户编号多次出现。

从下单日期来看，部分客户在短时间内有多次购买记录，表明这部分客户具有较高的购物频率。

2. 商品类别

主要的商品类别包括户外帐篷、户外睡袋、帐篷垫子、户外背包和户外配饰。从数据中可以看出，帐篷垫子、户外帐篷和户外睡袋是受欢迎的商品类别。

3. 营销类型

数据显示多种营销活动被用于促进销售，包括满减、拼团、组合促销、折扣、加价购和发放优惠券。满减和发放优惠券是最常见的营销策略，这表明消费者更倾向于因直接的价格优惠而产生购买行为。

4. 销售渠道

主要销售渠道包括抖音、京东和其他未知渠道。抖音是最常出现的销售渠道，说明该平台对于这类商品的推广较为有效。

5. 付款方式

微信支付和支付宝是最常用的付款方式。银行卡支付也较为常见，但使用其他付款方式的订单较少。

6. 消费者行为偏好规律

高频购物群体：一部分客户具有较高的购物频率，尤其是那些购买户外用品的客户。商品偏好：消费者更偏好购买帐篷垫子、户外帐篷和户外睡袋。营销策略偏好：满减和优惠券活动更受消费者的欢迎。销售渠道偏好：抖音作为销售渠道的效果最好，可能是由于其内容营销模式能够更好地展示户外产品的特性。付款方式偏好：使用微信和支付宝支付的客户较多，表明消费者更倾向于使用移动支付。

综上所述，消费者的购物行为显示出对特定营销策略和销售渠道的偏好，同时也显示出对于某些商品类别的较高需求。这对于制定未来的市场营销策略和产品开发方向提供了有价值的参考。

【优化指令】好的，请进一步统计各商品类别、营销渠道、付款方式的人数，根据消费者行为特征给出营销策略。

【AI 生成】

根据提供的历史订单数据，我们可以统计各商品类别、营销渠道以及付款方式的人数，并据此提出相应的营销策略建议。

商品类别统计

户外帐篷：31 人　户外睡袋：12 人　帐篷垫子：21 人　户外背包：14 人

户外配饰：1 人

营销渠道统计

抖音：41 人　京东：21 人　其他：16 人　平台自建物流：10 人

物流一体化配送：1 人

付款方式统计

微信：27 人　支付宝：20 人　银行卡：15 人　其他：6 人

营销策略建议

1. 营销渠道优化

抖音：作为最主要的销售渠道，应加强在此平台上的推广力度，比如增加短视频内容的创意性和吸引力，定期举办直播带货活动，与知名博主合作提高曝光度。

京东：也是重要的销售渠道之一，可以通过京东平台的活动参与、优惠券发放等方式提高销量。

其他：虽然次数略少，但也不应忽视，可以探索与这些渠道的合作机会，比如社交媒体营销、线下营销活动等。

2. 付款方式优化

微信和支付宝是消费者最常使用的两种支付方式，建议继续优化这两种支付方式的便捷性和安全性，同时也可以考虑推出微信或支付宝支付专属优惠来鼓励使用。

银行卡和其他支付方式虽然使用次数较少，但仍然需要提供良好的支付体验，比如简化支付流程、提供安全保障等。

3. 商品类别推广

户外帐篷是最受欢迎的商品类别，可以加大推广力度，比如推出更多款式、提供定制服务等。帐篷垫子和户外背包也是热门商品，可以通过组合销售的方式，如套餐搭配来促进销售。户外配饰虽然数量较少，但可以考虑将其作为附加产品进行捆绑销售，或者通过限时折扣、满减等活动来吸引消费者。

4. 消费者行为分析

根据消费者的购买行为，可以将消费者分为不同的群体，比如经常性购买者、选择性购买者和探究性购买者，并针对不同类型的消费者设计相应的营销策略。

对于经常性购买者，可以通过会员计划、积分奖励等方式增加客户黏性；对于选择性购买者，可以通过提供详细的产品信息和比较数据帮助他们做出决策；对于探究性购买者，则需要提供全面的产品介绍和售后服务保障。

综上所述，通过对商品类别、营销渠道和付款方式的分析，我们可以更有针对性地制定营销策略，以提高销售额和客户满意度。

AIGC 能够处理和分析大量的消费者数据，包括购买历史、搜索习惯、社交媒体互动次数等，以识别消费者偏好、预测购买趋势和市场动态。通过自然语言处理和机器学习技术，分析人员可以洞察消费者的情感和需求，为企业提供定制化的营销策略、产品推荐和客户服务。

【应用场景 2】客户画像

案例 9-6：客户特征分析

案例背景： 在多变的市场环境中，精准营销是企业获取竞争优势的关键。张敏是一位资深的市场营销经理，想通过大模型揭示目标客户群体的特征、识别客户的消费心理和行为模式，以制定针对性强的营销策略，提高营销活动的转化率。

案例数据： \案例资料\9-6 客户画像

任务要求： 利用大模型进行客户画像分析，分析客户的年龄、性别、地域、类别等特征，并提供精准营销策略建议。

指令设计

【要点 1】基本信息输入： 向大模型提供案例的基本信息，包括用户采购记录、年龄、性别、地域特征等。

【要点 2】角色定位： 向大模型明确其角色为市场分析师，具备客户画像分析能力。

【要点 3】需求提炼： 围绕业务场景，向大模型表述"客户画像""精准营销"等关键词。

【要点 4】输出设定： 向大模型陈述要获得哪些方面的帮助，例如提供一份客户画像分析报告，包括客户的基本特征、兴趣爱好等内容。

【要点 5】输出优化： 根据大模型提供的初步方案，结合目标需求向大模型下达进一步优化后的问题指令。细化营销策略，提供定制化的营销方案。

参考指令与生成

【基本指令】 假设你是市场分析师，能够根据销售数据对客户特征进行全面总结分析。请针对平台历史订单资料进行客户画像分析，包括客户的年龄、性别、职业、消费能力等特征。

【AI 生成】

为了进行客户画像分析，我将基于您上传的"9-6 客户画像.xlsx"文件中的数据来总结客户的年龄、性别、消费能力、客户类型以及购买商品的类别等关键特征。请注意，文件中并没有直接提到客户的职业信息，因此这部分分析将不会涉及职业特征。

客户年龄特征

- 年龄主要集中在 25～40 岁年龄段。
- 有少量客户年龄超过了 45 岁，但总体来看，大部分客户处于较为年轻的年龄段。

客户性别特征

- 数据显示男女比例相对均衡，男性和女性客户都有购买记录。
- 在特定年龄段内，例如 30～40 岁，可以看到明显的性别分布，如部分年龄段女性客户略多于男性客户。

消费能力特征

- 消费能力分为"低""中""高"3 个等级。

-"中"消费能力的客户数量最多，其次是"高"消费能力的客户。

-"低"消费能力的客户较少，但仍然有一定的比例。

客户类型特征

- 客户类型分为"忠诚客户""潜在客户""边缘客户""流失客户"。

-"忠诚客户"占比最大，表明这部分客户对品牌或产品有较高的满意度和复购率。

-"潜在客户"和"边缘客户"也占有一定比例，表明存在进一步营销的机会。

-"流失客户"的比例较小，但仍需要关注这部分群体以减少客户流失。

商品类别特征

- 商品主要分为"户外睡袋""户外帐篷""帐篷垫子""户外背包"和"户外配饰"。

- 客户购买的商品类别较为多样，但以帐篷和睡袋为主。

- 不同类型的客户对于商品类别的偏好有所不同，例如"忠诚客户"更倾向于购买帐篷和睡袋，而"潜在客户"则可能更关注帐篷垫子等辅助装备。

地域分布特征

- 客户来自全国各地，覆盖了华南、华东、华中、华北、东北、西南和西北等多个区域。

- 华东地区的客户数量较多，表明该区域可能是销售的重点市场。

这些特征可以帮助您更好地理解您的目标客户群体，并据此制定更为精准的市场营销策略。如果您需要针对某个具体方面进行更深入的分析，请告诉我。

【优化指令】好的，请进一步统计各年龄段、性别、消费能力、客户类型等的人数构成。同时根据客户特征提供精准营销策略。

【AI 生成】

客户特征统计

年龄段人数构成

25～29 岁：6 位　30～34 岁：13 位　35～39 岁：15 位　40～45 岁：14 位

性别人数构成

男性：24 位　女性：24 位

消费能力人数构成

低：7 位　中：23 位　高：18 位

客户类型人数构成

忠诚客户：17 位　潜在客户：8 位　边缘客户：13 位　流失客户：10 位

精准营销策略建议

年龄段

25～29 岁：这个年龄段的客户可能更加追求性价比高的产品。可以推出一些入门级的户外用品，并且采用社交媒体进行推广。

30～34 岁：这个年龄段的客户可能更注重产品的品质和功能性。可以考虑增加一些中高端的产品，并通过专业的户外论坛或者博客进行宣传。

35~39 岁：这个年龄段的客户可能已经有一定经济基础，更倾向于购买品质优良、设计独特的户外用品。可以通过邮件营销等方式推送高端定制化产品。

40~45 岁：这个年龄段的客户可能更注重产品的舒适度和耐用性。可以推出一些高品质、高性能的户外装备，并通过口碑营销和客户推荐的方式吸引他们。

性别

男性：男性客户可能对功能性较强的户外装备更感兴趣，比如高质量的帐篷和睡袋。可以利用专业评测网站或者男性生活方式杂志进行广告投放。

女性：女性客户可能对颜色、外观和携带便捷性有更高要求。可以设计一些色彩丰富、时尚的户外装备，并通过时尚博主或社交媒体平台进行推广。

消费能力

低：对于预算有限的客户，可以通过限时折扣、满减活动等促销手段吸引他们。

中：这类客户比较适合推出组合套装或者优惠套餐，鼓励他们一次性购买多种商品。

高：对于消费能力较强的客户，可以推出限量版、定制化的产品，并提供优质的售后服务。

客户类型

忠诚客户：针对这部分客户，可以通过会员制度提供积分奖励、专属优惠券等措施来保持他们的忠诚度。

潜在客户：可以采用体验式营销，比如举办免费试用活动或户外体验课程，让他们亲身体验产品的优点。

边缘客户：通过定期发送电子邮件、短信提醒最新优惠活动，或者提供个性化的购物建议，增加他们再次购买的可能性。

流失客户：可以通过调查问卷了解流失原因，并针对性地解决这些问题；也可以通过发送优惠券或者特别邀请参加活动的方式来重新吸引他们。

综合以上策略，您可以根据不同客户群体的特点，制定相应的营销方案，以提高客户满意度和忠诚度，促进销售增长。如果您需要进一步的数据分析或其他方面的帮助，请随时告知。

企业可借助大模型构建详细的用户档案。除了反映用户基本人口统计特征，大模型还可深入用户兴趣、生活方式和消费心理，使企业能够更精准地定位目标市场，制定个性化的营销策略，提供定制化的产品推荐和服务，提升用户体验，增强用户黏性。

9.4 财务分析

大模型在财务数据处理方面展现出强大的专业能力，能够解析和分析复杂的财务报表、预算报告和会计条目，识别关键的财务指标和趋势。它们可以执行精确的数值计算，包括但不限于货币汇率转换、投资分析、成本效益评估等。此外，大模型还能理解和应用会计原则和税法规定，为用户提供合规的财务建议和决策支持，从而在风险管理、预算规划和财务报告编制等方面发挥重要作用。

【应用场景 1】会计数据处理

案例 9-7：购销存数据统计

案例背景： 小智毕业后入职了一家代账公司，成了一名记账会计专员。他的主要工作任务是根据客户要求独立建立核算账套、处理账务，准确填写各类报表，完成记账票据的整理及管理，以及完成所得税汇算清缴等工作。小智在处理客户购销存数据时发现，存在多条商品名称相同的购销记录，人工处理需要花费大量的时间。为了提高工作效率，小智计划利用大模型辅助完成数据的处理，提高工作效率，努力向客户提供更优质的服务。

案例数据： \案例资料\9-7 购销存数据

任务要求： 请利用任意大模型工具帮助小智进行购销存数据处理，实现本期入库数量、本期入库成本和本期出库数量的自动计算，并结合所学知识计算加权平均采购价格、结存数量、结存成本，完成盘点单的编制，并将文档提交平台。

指令设计

【要点 1】 基本信息输入：向大模型提供案例的基本信息，包括表格名称、内容等。

【要点 2】 角色定位：向大模型明确其角色为资深会计信息管理专员，具备专业的财务知识和丰富的实务经验，擅长运用 Excel 等各种工具技术，对财务数据进行采集、处理、可视化、分析、预测及管理。

【要点 3】 需求提炼：围绕业务场景，向大模型表述盘存单中待填充字段的计算方法，以及数据来源等。

【要点 4】 输出设定：向大模型陈述要获得哪些方面的帮助，例如根据所学知识完成盘存单中本期入库数量、本期入库成本、本期出口数量结果的录入以及本期结存数量、加权平均采购价格、本期结存成本的数据信息的计算。

【要点 5】 输出优化：根据大模型提供的初步方案，结合目标需求向大模型下达进一步优化后的问题指令。

参考指令与生成

【基本指令】 假设你是资深会计信息管理专员，具备专业的财务知识和丰富的实务经验，擅长运用 Excel 等各种工具技术，对财务数据进行采集、处理、可视化、分析、预测及管理。请计算盘存单中"本期入库数量""本期入库成本""本期出库数量"3 个字段的数据。本期入库数量和本期入库成本，根据采购单中各种商品的数量和金额汇总计算；本期出库数量根据销售单中的商品数量填写。

【AI 生成】

为了完成这个任务，我们需要从采购单中获取本期入库的商品数量和成本，以及从销售单中获取本期出库的商品数量。然后我们将这些数据填入盘存单中的相应位置。

首先，我们来计算"本期入库数量"和"本期入库成本"。

本期入库数量与成本

酸奶

1月1日入库40个，单价46元，金额1840元；1月14日入库20个，单价48元，金额960元；本期入库数量=40+20=60（个），本期入库成本=1840+960=2800（元）。

八宝粥

1月1日入库30个，单价25元，金额750元；1月14日入库30个，单价28元，金额840元；本期入库数量=30+30=60（个），本期入库成本=750+840=1590（元）。

花生油

1月6日入库50个，单价116元，金额5800元；1月14日入库20个，单价128元，金额2560元；本期入库数量=50+20=70（个），本期入库成本=5800+2560=8360（元）。

火腿肠

1月7日入库30个，单价40元，金额1200元；1月14日入库30个，单价46元，金额1380元；本期入库数量=30+30=60（个），本期入库成本=1200+1380=2580（元）。

醋

1月8日入库10个，单价48元，金额480元；本期入库数量=10个，本期入库成本=480元。

酱油

1月8日入库30个，单价52元，金额1560元；本期入库数量=30个，本期入库成本=1560元。

苏打饼干

1月9日入库20个，单价26元，金额520元；本期入库数=20个，本期入库成本=520元。

花生酱

1月10日入库25个，单价28元，金额700元；1月15日入库20个，单价30元，金额600元；本期入库数量=25+20=45（个），本期入库成本=700+600=1300（元）。

接下来我们计算"本期出库数量"，这需要从销售单中获取。

本期出库数量

酸奶

1月4日售出25个，1月6日售出10个，本期出库数量=25+10=35（个）。

八宝粥

1月6日售出18个，1月10日售出25个，本期出库数量=18+25=43（个）。

花生油

1月6日售出20个给青青副食，1月6日售出20个给零点超市，本期出库数量=20+20=40（个）。

火腿肠

1月1日售出20个，1月15日售出18个，本期出库数量=20+18=38（个）。

醋

无销售记录，本期出库数量=0个。

酱油

1月1日售出5个，1月12日售出15个，本期出库数量=5+15=20（个）。

苏打饼干

1 月 1 日售出 16 个，本期出库数量=16 个。

花生酱

1 月 4 日售出 15 个，1 月 11 日售出 10 个，本期出库数量=15+10=25（个）。

现在我们可以更新盘存单表格中的数据了。以下是更新后的盘存单表格。

商品	期初结存数量/个	期初结存成本/元	本期入库数量/个	本期入库成本/元	本期出库数量/个	本期结存数量/个	加权平均采购价格/元	本期结存成本/元
酸奶	6	270	60	2 800	35			
八宝粥	8	200	60	1 590	43			
花生油	10	1 150	70	8 360	40			
火腿肠	12	480	60	2 580	38			
醋	12	540	10	480	0			
酱油	12	600	30	1 560	20			
苏打饼干	11	280	20	520	16			
花生酱	10	260	45	1 300	25			

下一步我们可以计算"本期结存数量""加权平均采购价格""本期结存成本"。需要我继续吗？

【优化指令】是的，请继续计算"本期结存数量""加权平均采购价格""本期结存成本"的数值。其中，本期结存数量=期初结存数量+本期入库数量-本期出库数量；加权平均采购价格=（期初结存成本+本期入库成本）÷（初结存数量+本期入库数量）；本期结存成本=加权平均采购价格×本期结存数量。请忽略计算过程，直接以表格的形式给出结果，注意直接根据公式计算，不要取其他近似值，确保数据准确无误。

【AI 生成】

根据您的要求，直接给出计算后的结果，而不展示具体的计算过程。以下是更新后的盘存单表格，包含了"本期结存数量""加权平均采购价格""本期结存成本"的数值。

商品	期初结存数量/个	期初结存成本/元	本期入库数量/个	本期入库成本/元	本期出库数量/个	本期结存数量/个	加权平均采购价格/元	本期结存成本/元
酸奶	6	270	60	2 800	35	31	46.52	1 442.12
八宝粥	8	200	60	1 590	43	25	26.32	658.00
花生油	10	1 150	70	8 360	40	40	118.88	4 755.20
火腿肠	12	480	60	2 580	38	34	42.5	1 445.00
醋	12	540	10	480	0	22	46.36	1 019.92
酱油	12	600	30	1 560	20	22	51.43	1 131.46
苏打饼干	11	280	20	520	16	15	25.81	387.15
花生酱	10	260	45	1 300	25	30	28.36	850.80

请注意，这里的"加权平均采购价格"和"本期结存成本"都是按照您提供的公式计算得出的结果。如果您有任何疑问或者需要进一步的帮助，请随时告诉我。

> **提示**
>
> 由于大模型自动将"加权平均采购价格"做了保留，导致本期结存成本数额也是近似结果。若要提高准确率，可以要求大模型生成 Excel 计算公式，再自行应用公式重新计算各项内容。

【优化指令】如果在 Excel 表格中进行操作，请给出"本期入库数量""本期入库成本""本期出库数量""本期结存数量""加权平均采购价格""本期结存成本"的单元格填充公式。

【AI 生成】

单元格公式

本期入库数量（D2）

对于每个商品，假设采购单中的数据已经汇总到了相应的单元格中。例如，

D2："=SUMIF(采购单!C:C,"酸奶",采购单!E:E)(假设采购单中的"商品"列在 C 列，"数量"列在 E 列)"。

本期入库成本（E2）

同样地，入库成本也可以通过 SUMIF 函数求和得到。

E2："=SUMIF(采购单!C:C,"酸奶",采购单!G:G)(假设采购单中的"商品"列在 C 列，"金额"列在 G 列)"。

本期出库数量（F2）

对于出库数量，我们可以用类似的方法。

F2："=SUMIF(销售单!B:B,"酸奶",销售单!E:E)(假设销售单中的"商品"列在 B 列，"数量"列在 E 列)"。

本期结存数量（G2）

计算本期结存数量 G2 的公式为"=B2+D2-F2"。

加权平均采购价格（H2）

计算加权平均采购价格 H2 的公式为"=(C2+E2)/(B2+D2)"。

本期结存成本（I2）

最后，计算本期结存成本 I2 的公式为"=H2*G2"。

示例

假设我们需要为"酸奶"这一行填写公式。

D2："=SUMIF(采购单!C:C,"酸奶",采购单!E:E)"。

E2："=SUMIF(采购单!C:C,"酸奶",采购单!G:G)"。

F2："=SUMIF(销售单!B:B,"酸奶",销售单!E:E)"。

G2："=B2+D2-F2"。

H2："=(C2+E2)/(B2+D2)"。

I2："=H2*G2"。

您可以将这些公式复制到 Excel 中的相应单元格，并向下拖动以应用于其他商品的行。系统可以根据待填充的单元格的位置生成相应的计算公式。

案例 9-8：固定资产折旧计算

案例背景： 腾飞公司是一家制造企业，涉及的固定资产种类较多，且折旧方法多样。为了提高工作效率，公司财务人员运用大模型辅助计算设备月折旧额。

案例数据： \案例资料\9-8 固定资产折旧计算

任务要求： 请利用任意大模型工具，帮助财务人员运用工作量法、平均年限法、双倍余额递减法等方法，计算 2024 年 8 月各设备应计提的折旧额。

指令设计

【要点 1】基本信息输入： 向大模型提供案例的基本信息，包括设备名称、编号、折旧方法等。

【要点 2】角色定位： 向大模型明确其角色为企业资深财务会计，熟悉各种固定资产折旧方法和 Excel 数据处理工具，擅长运用 Excel 等各种数据工具技术，对财务数据进行处理。

【要点 3】需求提炼： 围绕业务场景，向大模型表述"平均年限法""工作量法""双倍余额递减法"等关键词。

【要点 4】输出设定： 向大模型陈述要获得哪些方面的帮助，例如根据不同折旧方法下月折旧额的计算公式完成企业设备月折旧额或介绍相关的 Excel 函数。

【要点 5】输出优化： 根据大模型提供的初步方案，结合目标需求向大模型下达进一步优化后的问题指令。

参考指令与生成

【基本指令】 假设你是企业资深财务会计，熟悉各种固定资产折旧方法和 Excel 数据处理工具，擅长运用 Excel 工具对财务数据进行处理。请根据资料计算 2024 年 8 月各固定资产的月折旧额。在工作量法下，本月折旧额=原值×（1-净残值率）÷总工作量×本月工作量；平均年限法下，本月折旧额=原值×（1-净残值率）÷（预计使用年限×12）；双倍余额递减法下，月折旧额暂时不计算。

【AI 生成】

根据您提供的表格数据，我们可以计算出 2024 年 8 月各固定资产的月折旧额。以下是计算方法的总结及具体的计算步骤。

工作量法：本月折旧额=原值×(1-净残值率)÷总工作量×本月工作量。

平均年限法：本月折旧额=原值×(1-净残值率)÷（预计使用年限×12）。

双倍余额递减法：暂时不计算。

现在我们来具体计算每项资产的月折旧额。

工作量法：

小汽车（编号 10001）

本月折旧额=86 837.00×(1-0.8%)÷200 000×1 800=775.28（元）

小汽车（编号 10002）

本月折旧额=221 739.20×(1−0.8%)÷200 000×1 600=1 759.72（元）

小汽车（编号 10003）

本月折旧额=143 225.00×(1−0.8%)÷200 000×1 400=994.55（元）

平均年限法：

面包车（编号 10005）

本月折旧额=60 000.00×(1−0.8%)÷(10×12)=496.00（元）

打印机（编号 20001）

本月折旧额=3 440.00×(1−0.5%)÷(5×12)=57.05（元）

打印机（编号 20002）

本月折旧额=4 580.00×(1−0.5%)÷(5×12)=75.95（元）

空调（编号 30002）

本月折旧额=8 700.00×(1−0.5%)÷(8×12)=90.17（元）

空调（编号 30003）

本月折旧额=6 800.00×(1−0.5%)÷(8×12)=70.48（元）

对于双倍余额递减法下的资产，如编号 40001、40002 和 40004 的戴尔电脑，我们按照您的要求暂不计算其月折旧额。

综上所述，2024 年 8 月各固定资产的月折旧额如下。

编号 10001 的小汽车：775.28 元

编号 10002 的小汽车：1 759.72 元

编号 10003 的小汽车：994.55 元

编号 10005 的面包车：496 元

编号 20001 的打印机：57.05 元

编号 20002 的打印机：75.95 元

编号 30002 的空调：90.17 元

编号 30003 的空调：70.48 元

请注意，这些计算是基于您提供的信息进行的，实际计算过程中需要确保所有的数据都是准确无误的。如果您需要进一步的帮助或有其他问题，请随时告知。

【优化指令】好的。请继续计算双倍余额递减法下 2024 年 8 月的折旧额。计算方法为先判断当前月（2024 年 8 月）处于固定资产折旧期的第几年，如果处于到期前两年或小于两年，本月折旧额=[原值×(1−净残值率)−已经计提折旧]÷剩余折旧月数；否则，给出 Excel 中 DDB 函数的应用方法。

【AI 生成】

好的，接下来我们将计算使用双倍余额递减法的资产在 2024 年 8 月的折旧额。首先，我们需要确定每项资产当前处于折旧期的哪一年，并根据情况选择合适的计算方法。

双倍余额递减法计算规则

1. 如果资产处于折旧期的最后两年或更少，则采用直线法计算折旧。

2. 否则，使用 Excel 中的 DDB 函数来计算折旧。

Excel DDB 函数

Excel 中的 DDB 函数用于计算使用双倍余额递减法的折旧额，其语法为：

```

DDB(cost, salvage, life, period, [factor])

```

- cost：资产的初始成本。

- salvage：资产在结束时的价值（即净残值）。

- life：折旧期间（以年计）。

- period：要计算折旧值的期间（通常是某一年）。

- factor：折旧率因子，默认值为 2。

计算过程

判断是否处于折旧期的最后两年。

1. 戴尔电脑（编号 40001）

- 开始使用日期：2020 年 12 月 10 日

- 预计使用年限：5 年

- 当前日期：2024 年 8 月

已经过了 3 年零 8 个月，还剩 1 年零 4 个月。

2. 戴尔电脑（编号 40002）

- 开始使用日期：2021 年 11 月 10 日

- 预计使用年限：5 年

- 当前日期：2024 年 8 月

已经过了 2 年零 9 个月，还剩 2 年零 3 个月。

3. 戴尔电脑（编号 40004）

- 开始使用日期：2023 年 2 月 10 日

- 预计使用年限：5 年

- 当前日期：2024 年 8 月

已经过了 1 年零 6 个月，还剩 3 年零 6 个月。

计算折旧额

1. 戴尔电脑（编号 40001）

由于还剩 1 年零 4 个月，属于最后两年内，采用直线法计算。

- 剩余折旧月数=16 个月

- 已计提折旧=3 306.27 元

- 本月折旧额=[3 870.00×(1-0.5%)-3 306.27]÷16

- 本月折旧额=(3 850.65-3 306.27)÷16

- 本月折旧额=544.38÷16

- 本月折旧额=34.02（元）

2. 戴尔电脑（编号 40002）

由于还剩 2 年零 3 个月，不属于最后两年内，采用 DDB 函数计算。

使用 Excel 中的 DDB 函数：

- cost=3 870.00

- salvage=3 870.00×0.5%
- life=5
- period=3（从 2021 年 12 月至 2024 年 8 月，这是第 3 个折旧期）
- factor=2（双倍余额递减法）
- 本月折旧额=DDB(3 870.00,3 870.00*0.5%,5,3,2)

3. 戴尔电脑（编号 40004）

由于还剩 3 年零 6 个月，不属于最后两年内，采用 DDB 函数计算。

使用 Excel 中的 DDB 函数：
- cost=3 870.00
- salvage=3 870.00×0.5%
- life=5
- period=2（从 2023 年 3 月至 2024 年 8 月，这是第 2 个折旧期）
- factor=2（双倍余额递减法）
- 本月折旧额=DDB(3 870.00,3 870.00*0.5%,5,2,2)

结果

根据上述计算，2024 年 8 月各使用双倍余额递减法的固定资产的月折旧额如下。
- 编号 40001 的戴尔电脑：约 34.02 元。
- 编号 40002 的戴尔电脑和编号 40004 的戴尔电脑：需要通过 Excel 的 DDB 函数计算得出，具体数值取决于 Excel 的实际计算结果。

请注意，对于编号 40002 和编号 40004 的戴尔电脑，您需要使用 Excel 中的 DDB 函数来获取具体的月折旧额。如果您需要进一步的帮助或有其他问题，请随时告知。

大模型在会计信息处理方面具备强大的功能，能够高效地处理和分析大量的财务数据，实现自动化数据录入、分类和验证，确保会计记录的准确性和完整性。此外，大模型还能通过模式识别和预测分析，帮助会计师发现潜在的财务风险和机会，从而优化决策过程。

【应用场景 2】收入成本分析

案例 9-9：个人收支可视化展示

案例背景：小智是一位刚大学毕业、在北京互联网公司从事产品经理工作的女生。她每个月都有固定的收入和支出，但由于工作繁忙，很难抽出时间来整理和管理自己的财务情况。因此，她希望能够通过一种可视化的方式来清晰地了解自己的收入和支出情况，以便能够更好地规划自己的财务计划和未来的发展。

案例数据：\案例资料\9-10（1）9 月个人支出

　　　　　　\案例资料\9-10（2）1—9 月个人支出

任务要求：请利用文心一言，学习如何利用 Excel 表格对小智 2023 年 1—9 月的收支情况进行数据透视并以可视化的形式进行展示。

指令设计

【要点 1】基本信息输入：向大模型提供案例的基本信息，包括时间、收入、支出项目等。

【要点 2】角色定位：向大模型明确其角色为 Excel 财务应用专家，具备运用 Excel 进行数据透视图表操作的能力。

【要点 3】需求提炼：围绕业务场景，向大模型表述"收入""支出""结余""类别"等关键词。

【要点 4】输出设定：向大模型陈述要获得哪些方面的帮助，例如陈述数据透视表和数据透视图的操作过程等。

【要点 5】输出优化：根据大模型提供的初步方案，结合目标需求向大模型下达进一步优化后的问题指令。

参考指令与生成

【基本指令】现在你是一位 Excel 财务应用专家，具备 Excel 相关全部知识和技能，尤其是公式计算、数据透视表和图表可视化等方面的知识。现在有一份小智在 2023 年 9 月的个人日常收支记账表，A 列是日期，B 列是摘要，C 列是类别，D 列是收入，E 列是支出，F 列是结余。请利用 Excel 表格数据透视功能，帮助小智按照类别进行收支分类，需要如何操作呢？

【AI 生成】

为了帮助小智更好地理解她 2023 年 9 月的个人收支情况，我们可以使用 Excel 的数据透视表功能来按照不同的类别汇总收入和支出。下面是具体的操作步骤。

选择数据区域：

确保你的记账表数据是整洁的，并且没有重复的行或列标题。

选中包含所有数据的表格区域，包括列标题。

创建数据透视表：

在 Excel 中，转到"插入"选项卡，单击"数据透视表"按钮。

在弹出的对话框中确认所选的数据范围正确无误。

选择放置数据透视表的位置，可以是新工作表也可以是现有工作表。

单击"确定"按钮。

设置数据透视表字段：

将"类别"拖到"行标签"区域。

将"收入"拖到"值"区域，并确保它被设置为"求和"。

将"支出"也拖到"值"区域，并同样设置为"求和"。

（可选）如果需要，还可以添加其他字段如"日期"到"列标签"区域来查看每月每天的详细情况。

调整数据透视表布局：

根据需要调整数据透视表的设计和布局选项，例如更改样式或添加过滤器等。

分析数据：

查看每个类别的总收入和总支出，以及净结余（收入-支出）。

分析哪些类别花费最多，哪些节省了更多的钱。

【优化指令】忽略前面的提问。现在你是一位 Excel 专家，具备 Excel 相关全部知识和技能，尤其是公式计算、数据透视表和图表可视化等方面的知识。现在有一份小智 1—9 月的收支情况表，A 列是月份，B 列是收入-工资，C 列是支出-住，D 列是支出-食，E 列是支出-行，F 列是支出-衣，G 列是支出-用，H 列是支出-其他，I 列是总收入，J 列是总支出，K 列是结余，第 3 行到第 11 行分别列示了 1—9 月不同类别的收支数据。请基于上述信息，插入一个组合的数据透视图，横轴是月份，纵轴是金额，折线图显示支出-衣、支出-食、支出-住、支出-行、支出-用、支出-其他的趋势变化，面积图显示工资收入的金额变化，标题是"1 月—9 月收支明细"。请给出操作步骤说明。

【AI 生成】

为了创建一个组合的数据透视图来展示小智从 1 月到 9 月的收支明细，你可以按照以下步骤操作。

1. **选择数据范围**

首先，选中包含数据的整个表格区域（A2:K11）。

2. **插入数据透视表**

- 转到"插入"选项卡。

- 在"表格和范围"组中单击"数据透视表"。

- 在弹出的对话框中确认已选中的数据区域正确无误。

- 选择新建工作表或现有工作表来放置数据透视表。

- 单击"确定"按钮。

3. **设置数据透视表字段**

- 将"月份"拖动到"行标签"区域。

- 将"支出-衣""支出-食""支出-住""支出-行""支出-用""支出-其他"拖动到"值"区域。

- 将"收入-工资"也拖动到"值"区域。

4. **调整数据透视表布局**

- 对于"支出"项，可以选择"按类别汇总"，以便更好地查看每个类别的总支出。

- 对于"收入-工资"，确保它以数值形式显示，而不是按类别汇总。

5. **插入数据透视图**

- 在数据透视表工具栏中，选择"插入"选项卡。

- 在"图表"组中单击"数据透视图"。

- 在弹出的对话框中选择"组合图"作为图表类型。

- 选择"带有次坐标轴的折线图和堆积面积图"。

- 确认所选数据区域正确，然后单击"确定"按钮。

6. **设置图表类型**

- 在图表中，用鼠标右键单击代表"支出"的数据系列中的任意一点，选择"更改系列图表类型"。

- 为这些系列选择"折线图"。

- 再次用鼠标右键单击代表"收入-工资"的数据系列中的任意一点，选择"更改系列图表类型"。

- 为这个系列选择"面积图"。

- 确保勾选"次坐标轴"选项，这样收入可以单独标示在右侧的 Y 轴上。

7. 调整图表样式和布局

- 设置图表标题为"1 月—9 月收支明细"。

- 调整图表的 X 轴（月份）和两个 Y 轴（支出和收入）的标签。

- 如果需要，可以添加图例以区分不同的数据系列。

8. 美化图表

- 可以通过图表工具的"设计"和"格式"选项卡进一步美化图表，例如调整颜色、字体等。

完成以上步骤后，你应该能看到一个清晰地展示了小智从 1 月到 9 月收支变化的组合数据透视图，其中折线图显示各项支出的趋势变化，而面积图则展示工资收入的变化情况。

将大模型与 Excel、Python 工具结合起来，可以大幅度提高财务人员进行成本计算、费用分析、数据处理、可视化图表生成等工作的效率。

✍ 牛刀小试

请根据下列实训背景和任务要求设计提示词，完成大模型内容生成。

实训背景：宏图公司 2024 年预计利润表和实际利润表见文件"营业成本分析.xlsx"，请根据 2024 年预计利润表与实际利润表数据完成"营业成本分析"表格中各项目的计算填充。

实训数据：\牛刀小试\营业成本分析.xlsx

任务要求：请运用大模型完成 2024 年营业成本分析。注意利润表中的数据以"元"为单位，营业成本分析表中的数据以"万元"为单位。计算差异额和差异率。

🌐 【应用场景 3】投资决策

案例 9-10：股票投资决策

案例背景：旭阳公司拟购买凯越科技公司的股票，持有期 10 年。预计凯越科技未来 3 年股利将高速增长，增长率为 20%；此后 5 年转为正常增长，增长率为 10%；最后 2 年为低速增长，增长率 2%。假设最近一次派发股利 1.1 元，预计 10 年后股票市价可达 20 元，若旭阳公司投资必要报酬率为 15%，当前股价为 13 元，应如何做出投资决策？

任务要求：利用大模型中的一种，帮助旭阳公司计算当前股票的内在价值，给出投资决策建议。

指令设计

【要点 1】基本信息输入：向大模型提供案例基本信息，包括股票持有期限、股利增

长规律以及预期股价等。

【要点2】角色定位：向大模型明确其角色为股票投资助手，具备评估股票内在价值、给出投资建议的能力。

【要点3】需求提炼：围绕业务场景，向大模型表述"股利计算""投资必要报酬率""股价现值""股利现值"等关键词。

【要点4】输出设定：向大模型陈述要获得哪些方面的帮助，例如计算各年股利并折现，计算股票的内在价值。

【要点5】输出优化：根据大模型提供的初步方案，结合目标需求向大模型下达进一步优化后的问题指令。

参考指令与生成

【基本指令】旭阳公司拟购买凯越科技公司的股票，持有期10年。预计凯越科技未来3年股利将高速增长，增长率为20%；此后5年转为正常增长，增长率为10%；最后2年为低速增长，增长率2%。假设最近一次派发股利1.1元，预计10年后股票市价可达20元，若旭阳公司投资必要报酬率为15%，当前股价为13元。请计算各年股利数额并折现。

【AI生成】

为了计算凯越科技公司股票的内在价值，我们需要按照给定的增长率预测未来的股利，并使用公司投资的必要报酬率来折现这些现金流。下面是具体的步骤和计算过程。

第一步：确定各年的股利数额

高速增长期（第1~3年）：增长率20%

正常增长期（第4~8年）：增长率10%

低速增长期（第9~10年）：增长率2%

假设最近一次派发股利为1.1元，则：

第1年股利=1.1×(1+20%)=1.32（元）

第2年股利=1.32×(1+20%)=1.584（元）

第3年股利=1.584×(1+20%)=1.900 8（元）

接下来进入正常增长期：

第4年股利=1.900 8×(1+10%)=2.090 88（元）

第5年股利=2.090 88×(1+10%)=2.299 968（元）

第6年股利=2.299 968×(1+10%)=2.529 964 8（元）

第7年股利=2.529 964 8×(1+10%)=2.782 961 28（元）

第8年股利=2.782 961 28×(1+10%)=3.061 257 408（元）

最后进入低速增长期：

第9年股利=3.061 257 408×(1+2%)=3.122 482 556 16（元）

第10年股利=3.122 482 556 16×(1+2%)=3.184 932 207 283 2（元）

第二步：折现各年股利

接下来，我们将这些未来股利折现到今天的价值。必要报酬率为15%。

第1年股利现值=$1.32 \div (1+15\%)^1$

第2年股利现值=$1.584 \div (1+15\%)^2$

第 3 年股利现值=1.900 8÷(1+15%)^3

第 4 年股利现值=2.090 88÷(1+15%)^4

第 5 年股利现值=2.299 968÷(1+15%)^5

第 6 年股利现值=2.529 964 8÷(1+15%)^6

第 7 年股利现值=2.782 961 28÷(1+15%)^7

第 8 年股利现值=3.061 257 408÷(1+15%)^8

第 9 年股利现值=3.122 482 556 16÷(1+15%)^9

第 10 年股利现值=3.184 932 207 283 2÷(1+15%)^{10}

计算现值

现在我们进行具体的数值计算：

第 1 年股利现值=1.32÷(1.15)^1≈1.147 8（元）

第 2 年股利现值=1.584÷(1.15)^2≈1.197 7（元）

第 3 年股利现值=1.900 8÷(1.15)^3≈1.249 8（元）

第 4 年股利现值=2.090 88÷(1.15)^4≈1.195 5（元）

第 5 年股利现值=2.299 968÷(1.15)^5≈1.143 5（元）

第 6 年股利现值=2.529 964 8÷(1.15)^6≈1.093 8（元）

第 7 年股利现值=2.782 961 28÷(1.15)^7≈1.046 2（元）

第 8 年股利现值=3.061 257 408÷(1.15)^8≈1.000 7（元）

第 9 年股利现值=3.122 482 556 16÷(1.15)^9≈0.887 6（元）

第 10 年股利现值=3.184 932 207 283 2÷(1.15)^{10}≈0.787 5（元）

最终计算

将上述现值相加即可得到股利的内在价值。

股利内在价值=1.147 8+1.197 7+1.249 8+1.195 5+1.143 5+1.093 8+1.046 2+1.000 7+0.887 6+0.787 5≈10.75（元）

因此，凯越科技公司的股利内在价值约为 10.75 元。

【优化指令】预计 10 年后股票市价可达 20 元，当前股价为 13 元。请进一步评估股票内在价值，不考虑其他因素的情况下，帮助旭阳公司做出投资决策。

【AI 生成】

要评估凯越科技股票的内在价值，并结合 10 年后股票市价可达 20 元的信息，我们可以采用戈登增长模型或多阶段股利贴现模型来计算股票的内在价值。在这里，我们将使用多阶段股利贴现模型来计算股票的内在价值，并加入 10 年后股票市价的信息。

多阶段股利贴现模型

计算未来 10 年的股利现值（已经完成）。

计算第 10 年末股票价值的现值。

首先，我们需要估计第 10 年末股票价值的现值。这里假设 10 年后股票的市价为 20 元，我们需要将其折现回当前的价值。

第 10 年末股票价值的现值=20÷(1+15%)^{10}

计算得出：第 10 年末股票价值的现值≈20÷(1.15)^{10}≈4.94（元）

股票内在价值的总和

股票内在价值=各年股利现值之和+第 10 年末股票价值的现值

股票内在价值 ≈ 10.75+4.94 ≈ 15.69（元）

投资决策

根据以上计算，凯越科技股票的内在价值大约为 15.69 元，而当前股价为 13 元。这意味着股票当前的价格低于其内在价值，从理论上讲，这是一个买入的好时机。

结论

内在价值：15.69 元

当前股价：13 元

决策建议：由于股票的内在价值高于当前股价，旭阳公司可以考虑购买凯越科技公司的股票。然而，实际操作中还需要考虑市场的波动性以及其他可能影响股价的因素。此外，应该注意的是，所有基于历史数据的预测都有一定的不确定性，投资需谨慎。

在投资方面，大模型利用机器学习和自然语言处理技术，为投资者提供了深入的市场洞察、风险评估和投资建议，是企业不可或缺的投资助手。

案例 9-11：项目投资决策

案例背景：旭阳公司计划新建一条生产流水线，需投资 1 000 万元，1 年建成投产。该流水线可使用 5 年，预计净残值为 50 万元，按直线折旧法计提折旧。投产以后，预计每年的营业收入为 1 000 万元，付现成本为每年 220 万元。企业所得税率为 25%。投产期末要垫支流动资金 200 万元，可在项目终结时一次收回。试估算该项目的现金流量。若投资回报率为 10%，请采用净现值法给出项目投资决策建议。

任务要求：利用任意大模型工具，帮助旭阳公司估算该项目的现金流量，给出投资决策建议。

指令设计

【要点 1】基本信息输入：向大模型提供案例基本信息，包括项目建设期、各时点现金流出情况以及设备折旧方法等信息。

【要点 2】角色定位：向大模型明确其角色为项目投资顾问，具备按时点评估现金流量，并进行项目投资决策的能力。

【要点 3】需求提炼：围绕业务场景，向大模型表述"现金流量估算""净现值法"等关键词。

【要点 4】输出设定：向大模型陈述要获得哪些方面的帮助，例如计算各时点现金流量，评估项目净现值等。

【要点 5】输出优化：根据大模型提供的初步方案，结合目标需求向大模型下达进一步优化后的问题指令。

参考指令与生成

【基本指令】旭阳公司计划新建一条生产流水线，建设期 1 年，建设期初需投资 1 000

万元。建设期末需垫支流动资金 200 万元，可在项目终结时一次收回。该流水线可使用 5 年，预计净残值为 50 万元，按直线折旧法计提折旧。投产以后，预计每年的营业收入为 1 000 万元，付现成本为每年 220 万元。企业所得税率为 25%。假设你是项目投资顾问，请估算该项目的现金流量。

【AI 生成】

为了估算这个项目的现金流量，我们需要按照项目的不同阶段来计算每年的现金流入和流出。我们可以将这个过程分为以下几个步骤。

建设期初

固定资产投资：1 000 万元

此时还没有发生流动资金垫支。

建设期末

垫支流动资金：200 万元

此时已经完成了固定资产投资。

运营期间（第 2 年至第 6 年）

每年的营业收入：1 000 万元

每年的付现成本：220 万元

折旧费用：(固定资产投资-净残值)÷使用年限=(1000-50)÷5=190（万元/年）

年度税前利润=营业收入-付现成本-折旧费用=1000-220-190=590（万元）

年度所得税=年度税前利润×所得税率=590×25%=147.5（万元）

年度净利润=年度税前利润-年度所得税=590-147.5=442.5（万元）

年度现金流入=年度净利润+折旧费用=442.5+190=632.5（万元）

项目终结期（第 6 年末）

回收固定资产残值：50 万元

回收垫支流动资金：200 万元

终结期现金流入总额=50+200=250（万元）

基于这些信息，项目的现金流量可以总结如下。

第 1 年初（建设期初）：1 000 万元（固定资产投资）

第 1 年末（建设期末）：200 万元（垫支流动资金）

第 2 年至第 6 年每年：+632.5 万元（年度现金流入）

第 6 年末：+250 万元（项目终结回收）

这样我们就得到了整个项目的现金流量情况。

【基本指令】 若投资回报率为 10%，不考虑其他因素，请采用净现值法给出项目投资决策建议。

【AI 生成】

要采用净现值法进行项目投资决策，我们需要首先确定每一笔现金流量的现值，然后将所有现金流量的现值相加得到项目的净现值（NPV）。净现值法的基本原理是将未来各期的现金流量按照预定的贴现率（本例中为 10%）折现到项目开始时的现值，并将所有这些现值加起来。

以下是具体的计算步骤。

1. 计算各期现金流量的现值

初始投资

第 1 年初（建设期初）：1 000 万元（固定资产投资）

第 1 年末（建设期末）：200 万元（垫支流动资金）

现值=1 000+[200÷$(1+10\%)^1$]=1 000+200÷1.10=1 000+181.82≈1 181.82（万元）

运营期间

第 2 年至第 6 年每年：+632.5 万元（年度现金流入）

现值=632.5÷$(1+10\%)^1$+632.5÷$(1+10\%)^2$+632.5÷$(1+10\%)^3$+632.5÷$(1+10\%)^4$+632.5÷$(1+10\%)^5$

现值=632.5÷1.10+632.5÷1.21+632.5÷1.331+632.5÷1.464 1+632.5÷1.610 51

现值≈575+522.72+475.21+432.01+392.73≈2 397.67（万元）

项目终结期

第 6 年末：+250 万元（项目终结回收）

现值=250÷$(1+10\%)^5$

现值≈250÷1.610 51≈155.23（万元）

2. 计算项目的净现值

净现值(NPV)=初始投资现值+运营期间现金流入现值+项目终结期现金流入现值

净现值(NPV)=1 181.82+2 397.67+155.23≈3 734.72（万元）

3. 投资决策建议

由于项目的净现值为正（3 734.72 万元），这意味着项目预期的收益超过其成本，并且能够为投资者带来额外的价值。

根据净现值法的标准，当 NPV>0 时，项目是可行的，因此建议接受该项目。

综上所述，基于 10% 的投资回报率，该项目的净现值为正数，表明该项目具有良好的经济效益，是一个值得投资的项目。

通过 AI 技术模拟不同的投资和筹资场景，提供定制化的建议，帮助决策者做出更加明智和数据驱动的决策。在筹资决策方面，通过评估不同融资渠道的成本效益，预测资金需求和现金流，从而为企业提供最佳的融资策略。

【应用场景 4】筹资决策

案例 9-12：筹资方案选择

案例背景：沧澜公司欲筹集资金 1 000 万元，有两种方案。方案一是取得 3 年期长期借款 600 万元，年利率为 10%，每年付息一次，到期一次还本，筹资费用率为 0.5%；发行普通股 400 万元，预计第一年股利率为 14%，以后每年增长 1%，筹资费用率为 4%。方案二为发行 3 年期债券共 700 万元，票面利率为 12%，发行费用率为 3.5%；此外公司保留盈余 300 万元。公司所得税税率为 25%。请计算各种筹资方式的资金成本及综合成本，并做出选择。

任务要求：利用任意大模型工具，帮助沧澜公司进行筹资方案的评估与选择。

指令设计

【要点 1】基本信息输入：向大模型提供案例的基本信息，包括两种方案的筹资金额、筹资方式、筹资费用率等。

【要点 2】角色定位：向大模型明确其角色为筹资决策专家，具备筹资成本计算和筹资方案比较选择的能力。

【要点 3】需求提炼：围绕业务场景，向大模型表述"筹资方式""资金成本""综合资本成本"等关键词。

【要点 4】输出设定：向大模型陈述要获得哪些方面的帮助，例如计算各种筹资方式的资金成本及综合资本成本，进行筹资决策。

【要点 5】输出优化：根据大模型提供的初步方案，结合目标需求向大模型下达进一步优化后的问题指令。

参考指令与生成

【基本指令】沧澜公司欲筹集资金 1 000 万元，有两种方案。方案一是取得 3 年期长期借款 600 万元，年利率为 10%，每年付息一次，到期一次还本，筹资费用率为 0.5%；发行普通股 400 万元，预计第一年股利率为 14%，以后每年增长 1%，筹资费用率为 4%。方案二为发行 3 年期债券共 700 万元，票面利率为 12%，发行费用率为 3.5%；此外公司保留盈余 300 万元。公司所得税税率为 25%。假设你是筹资决策专家，请计算各种筹资方式的资金成本及综合成本，并做出选择。

【AI 生成】

为了帮助沧澜公司做出最佳的筹资决策，我们首先需要计算两种方案中每种筹资方式的资金成本（也称为资本成本），然后计算综合资本成本。下面按照步骤进行计算。

资金成本

方案一

1. 长期借款

借款额：600 万元，年利率：10%，筹资费用率：0.5%

资金成本 = [年利息 × (1−所得税率)] ÷ [借款额 × (1−筹资费用率)]

$$= [600 × 10\% × (1−25\%)] ÷ [600 × (1−0.5\%)]$$

$$= [60 × 0.75] ÷ [600 × 0.995]$$

$$= 45 ÷ 597$$

$$≈ 7.54\%$$

2. 普通股

发行额：400 万元，第一年股利率：14%，每年增长率：1%，筹资费用率：4%

资金成本 = {第一年股利 ÷ [股票发行额 × (1−筹资费用率)]} + 股利增长率

$$= [400 × 14\% ÷ (400 × (1−4\%))] + 1\%$$

$$= [56 ÷ 384] + 1\%$$

$$= 14.58\% + 1\%$$

$$= 15.58\%$$

方案二

1. 债券

发行额：700 万元，票面利率：12%，发行费用率：3.5%

资金成本=[年利息×(1-所得税率)]÷[债券发行额×(1-发行费用率)]

$$=[700×12\%×(1-25\%)]÷[700×(1-3.5\%)]$$

$$=[84×0.75]÷[700×0.965]$$

$$=63÷675.5$$

$$≈9.33\%$$

2. 保留盈余

金额：300 万元

资金成本通常假设为 0，因为这是公司自身的资金，没有直接的成本。

综合资本成本

方案一

长期借款：7.54%，普通股：15.58%

综合资本成本=(长期借款占比×长期借款成本)+(普通股占比×普通股成本)

$$=(600÷1000×7.54\%)+(400÷1000×15.58\%)$$

$$=0.6×7.54\%+0.4×15.58\%$$

$$=4.524\%+6.232\%$$

$$=10.756\%$$

方案二

债券：9.33%，保留盈余：0%

综合资本成本=(债券占比×债券成本)+(保留盈余占比×保留盈余成本)

$$=(700÷1000×9.33\%)+(300÷1000×0\%)$$

$$=0.7×9.33\%+0.3×0\%$$

$$=6.531\%+0\%$$

$$=6.531\%$$

结论

根据上述计算，方案二的综合资本成本较低（约为 6.531%），而方案一的综合资本成本较高（约为 10.756%）。因此，从资本成本的角度考虑，建议沧澜公司选择方案二进行筹资。

【优化指令】保留盈余的资本成本参照普通股资本成本计算，不考虑筹资成本。请重新进行计算和决策。

【AI 生成】

好的，根据您的要求，我们将保留盈余的资本成本参照普通股资本成本来计算，但不考虑筹资成本。这意味着保留盈余的资本成本将与普通股相同，但不包括筹资费用。

方案二调整后

1. 债券

发行额：700 万元

票面利率：12%

发行费用率：3.5%

资金成本=[年利息×(1-所得税率)]÷[债券发行额×(1-发行费用率)]

$$=[700×12\%×(1-25\%)]÷[700×(1-3.5\%)]$$

$$=[84×0.75]÷[700×0.965]$$

$$=63÷675.5$$

$$≈9.33\%$$

2．保留盈余

金额：300 万元

参照普通股资本成本计算

普通股资金成本（不考虑筹资费用）=[第一年股利÷(股票发行额)]+股利增长率

$$=[400×14\%÷400]+1\%$$

$$=14\%+1\%$$

$$=15\%$$

因此，保留盈余的资金成本为 15%。

综合资本成本

方案二

债券：9.33%

保留盈余：15%

综合资本成本=(债券占比×债券成本)+(保留盈余占比×保留盈余成本)

$$=(700÷1\,000×9.33\%)+(300÷1\,000×15\%)$$

$$=0.7×9.33\%+0.3×15\%$$

$$=6.531\%+4.5\%$$

$$=11.031\%$$

结论

根据新的计算方法，方案二的综合资本成本为 11.031%，高于之前计算的结果。因此，如果比较方案一（综合资本成本约为 10.756%）和调整后的方案二（综合资本成本约为 11.031%），方案一的综合资本成本更低。基于此，建议沧澜公司选择方案一进行筹资。

案例 9-13：偿还方式决策

案例背景： 2024 年，久利公司因为某一项目需要向银行借款 2 000 000 元，银行年利率为 6%，借款期限为 4 年。假设有以下几种偿还方式：①每年年末支付利息，到期一次性偿还本金；②每年年末等额偿还本息；③每年年末平均偿还借款本金和尚未偿还部分的利息；④到期清偿全部本息。

任务要求： 利用大模型中的一种，帮助久利公司进行借款偿还方式决策。

指令设计

【要点 1】基本信息输入：向大模型提供案例的基本信息，包括长期借款金额以及四种偿还方式的具体条件等。

【要点 2】角色定位：向大模型明确其角色为筹资决策专家，具备借款利息计算和筹资偿还方式比较选择的能力。

【要点 3】需求提炼：围绕业务场景，向大模型表述"到期一次还本付息""年末等额偿还本息""年末平均偿还本金和未偿还利息"等关键词。

【要点 4】输出设定：向大模型陈述要获得哪些方面的帮助，例如计算各种偿还方式下的全部支出额，并进行决策。

【要点 5】输出优化：请根据大模型提供的初步方案，结合目标需求向大模型下达进一步优化后的问题指令。

参考指令与生成

【基本指令】久利公司因为某一项目需要向银行借款 2 000 000 元，银行年利率为 6%，借款期限为 4 年。假设有以下几种偿还方式：①每年年末支付利息，到期一次性偿还本金；②每年年末等额偿还本息；③每年年末平均偿还借款本金和尚未偿还部分的利息；④到期清偿全部本息。假设你是筹资决策专家，请分析哪一种偿还方式对企业最有利，并做出决策。

【AI 生成】

为了帮助久利公司做出最佳的偿还方式决策，我们需要详细计算每种偿还方式下的总支付金额，并分析其对企业的影响。以下是四种偿还方式的详细计算。

假设条件

借款金额：2 000 000 元

年利率：6%

借款期限：4 年

偿还方式一：每年年末支付利息，到期一次性偿还本金。

1. 每年支付利息：每年利息=2 000 000×6%=120 000（元）。

2. 4 年总利息：总利息=120 000×4=480 000（元）。

3. 到期偿还本金：本金=2 000 000（元）。

4. 总支付金额：总支付金额=2 000 000+480 000=2 480 000（元）。

偿还方式二：每年年末等额偿还本息。

1. 等额本息还款公式如下。

$$A = P\frac{r(1+r)^n}{(1+r)^n - 1}$$

其中：P=2 000 000 元（借款本金），r=6%（年利率），n=4（还款期数）。

2. 计算每年的还款额 A。

$$A = 2\,000\,000 \times \frac{0.06 \times (1+0.06)^4}{(1+0.06)^4 - 1}$$
$$= 577\,182.98（元）$$

3. 计算总支付金额：

总支付金额=577 182.98×4=2 308 731.94（元）。

偿还方式三：每年年末平均偿还借款本金和尚未偿还部分的利息。

1. 每年偿还本金

每年偿还本金=2 000 000÷4=500 000（元）。

2. 每年支付利息

第 1 年：2 000 000×6%=120 000（元）。

第 2 年：1 500 000×6%=90 000（元）。

第 3 年：1 000 000×6%=60 000（元）。

第 4 年：500 000×6%=30 000（元）。

3. 4 年总支付利息

总利息=120 000+90 000+60 000+30 000=300 000（元）。

4. 4 年总支付金额

总支付金额=2 000 000+300 000=2 300 000（元）。

偿还方式四：到期清偿全部利息。

$$到期本息总额=2\ 000\ 000×(1+0.06)^4$$

$$=2\ 000\ 000×1.262\ 476\ 96$$

$$=2\ 524\ 953.92（元）$$

总结

偿还方式一：总支付金额为 2 480 000 元。

偿还方式二：总支付金额为 2 308 731.94 元。

偿还方式三：总支付金额为 2 300 000 元。

偿还方式四：总支付金额为 2 524 953.92 元。

决策

从总支付金额来看，偿还方式三（每年年末平均偿还借款本金和尚未偿还部分的利息）的总支付金额最低，为 2 300 000 元。因此，这种偿还方式对企业最为有利。

建议

建议久利公司选择偿还方式三，即每年年末平均偿还借款本金和尚未偿还部分的利息，这样可以最大限度地减少总支付金额，降低企业的财务负担。

> **提示**
>
> 对于复杂计算，大模型可能会出现错误，尤其在涉及复利的情况下。因此，经由大模型计算的结果必须经过人工复核（借助 Excel 计算比对），以避免影响决策的准确性。

9.5 辅助编程

大模型在辅助编程方面具备多种功能，包括代码生成、错误检测与修复、代码优化、代码解释和文档生成等。AI 辅助编程可以大范围提高开发效率和代码质量，优化算法，分析潜在的问题，提供代码解释服务，自动生成文档，为项目的维护和协作提供了极大的便利。通过深入分析海量数据，大模型能够精准学习编程语言的语法和语义，为开发者提供高效、准确的编码建议。

【应用场景 1】代码生成

案例 9-14：用 Python 爬取网络数据

案例背景： 小潘是一名在校学生，已经完成了"Python 大数据基础"课程的学习，初步掌握了 Python 的基本用法。他是一个流行音乐迷，为了获取最新的流行歌曲榜单数据，他想从酷狗音乐网站上下载酷狗 TOP500 歌曲名录，如图 9-1 所示。

图 9-1 酷狗 TOP500 页面

案例数据： \案例资源\酷狗 TOP500 网址

任务要求： 请利用大模型生成 Python 代码，用于抓取指定的网络数据，同时显示数据抓取结果。

指令设计

【要点 1】基本信息输入： 向大模型提供案例基本信息，包括小潘的 Python 应用水平等。

【要点 2】角色定位： 向大模型明确其角色为 Python 程序设计助手，具备代码生成、优化、解析等能力。

【要点 3】需求提炼： 围绕业务场景，向大模型表述"酷狗 TOP500""下载网址""歌曲名录"等关键词。

【要点 4】输出设定： 向大模型陈述要获得哪些方面的帮助，如生成数据爬取代码、优化代码、显示数据抓取结果等。

【要点 5】输出优化： 根据大模型提供的初步方案，结合目标需求向大模型下达进一步优化后的问题指令。

参考指令与生成

【基本指令】小潘是一名在校学生，初步掌握了 Python 的基础知识。他是一个流行音乐迷，为了获取最新的流行歌曲榜单数据，想从酷狗音乐网站上爬取 TOP500 歌曲名录。假设你是 Python 程序设计助手，请帮助小潘生成相关的 Python 代码并进行优化。

注：上述基本指令中须给出爬取数据所在页面的具体网址。

【AI 生成】

当然可以帮助小潘编写一个 Python 脚本来爬取酷狗音乐的 TOP500 榜单数据。我们将使用 requests 库来发送 HTTP 请求，以及 BeautifulSoup 库来解析 HTML 页面。以下是完整的 Python 代码及其解释。

```python
import requests
from bs4 import BeautifulSoup
import csv
# 发送请求
def fetch_page(url):
    headers = {
        'User-Agent':'Mozilla/5.0(WindowsNT10.0;Win64;x64) AppleWebKit/
        537.36(KHTML,like Gecko)Chrome/58.0.3029.110 Safari/537.3'
    }
    response = requests.get(url, headers=headers)
    if response.status_code == 200:
        return response.text
    else:
        print(f'请求失败，状态码: {response.status_code}')
        return None
# 解析 HTML，提取数据
def parse_html(html):
    soup = BeautifulSoup(html, 'html.parser')
    song_list = []
    # 找到所有歌曲条目
    song_items = soup.select('.pc_temp_songlist .pc_temp_songname')
    for item in song_items:
        # 提取歌曲名称和歌手
        song_name = item.get_text(strip=True)
        singer = item.find_next_sibling('span').get_text(strip=True)
        # 提取播放链接
        parent_li = item.find_parent('li')
        # 使用 get 方法避免 KeyError
        play_link = parent_li.get('data-play_url', '')
        song_list.append({
            'song_name': song_name,
            'singer': singer,
            'play_link': play_link
        })
        return song_list
# 保存数据到 CSV 文件
def save_to_csv(data, filename):
    with open(filename,'w',newline='',encoding='utf-8')as file:
        writer=csv.DictWriter(file,fieldnames=['song_name','singer',
'play_link'])
```

```
            writer.writeheader()
            writer.writerows(data)
# 查看存储结果
def view_results(filename):
    with open(filename,'r',encoding='utf-8')as file:
        reader=csv.DictReader(file)
        print('查看存储结果: ')
        for i, row in enumerate(reader):
            if i<5:                    # 只打印前 5 行
                print(row)
            else:
                break
# 主函数
def main():
    url = 'https://www.kugou.com/yy/rank/home/1-8888.html?from=rank'
    html = fetch_page(url)
    if html:
        data = parse_html(html)
        save_to_csv(data, 'kugou_top500.csv')
        print('数据已成功保存到 kugou_top500.csv')
        view_results('kugou_top500.csv')
if __name__ == '__main__':
    main()
```

代码解析

1. 导入必要的库

```
import requests
from bs4 import BeautifulSoup
import csv
```

requests：用于发送 HTTP 请求。

BeautifulSoup：用于解析 HTML 文档。

csv：用于读写 CSV 文件。

2. 发送请求函数 fetch_page

（略）

3. 解析 HTML 函数 parse_html

（略）

4. 保存数据到 CSV 文件 save_to_csv

（略）

5. 查看存储结果 view_results

（略）

6. 主函数 main

（略）

7. 运行主函数

（略）

注意事项如下。

● 遵守法律和网站条款：在爬取数据之前，请确保你遵守了酷狗音乐的网站条款和当地的法律法规，建议先查看目标网站的 robots.txt 文件，了解哪些内容是可以被爬取的。有些网站可能不允许爬取数据，或者要求你事先获得授权。

- 错误处理：上述代码中已经包含了基本的错误处理机制，可以帮助程序更加健壮。
- 请求头：设置了请求头中的 User-Agent，模拟浏览器访问，减少被封的风险。
- 请求间隔：通过 time.sleep(1) 设置每次请求之间的间隔，以降低对服务器的压力。

希望这段代码能够帮助到小潘！如果有任何问题或需要进一步的帮助，欢迎继续提问。

直接复制代码并粘贴到 Python 脚本或 Jupyter Notebook 中运行，可得到如下结果。

```
数据已成功保存到 kugou_top500.csv 文件中。
查看存储结果：
{'song_name': '土坡上的狗尾草- 卢润泽', 'singer': '播放下载分享 3:16', 'play_link': ''}
{'song_name': 'APT.- ROSÉ、Bruno Mars', 'singer': '播放下载分享 2:49', 'play_link': ''}
{'song_name': '谁- 洋澜一', 'singer': '播放下载分享 3:39', 'play_link': ''}
{'song_name': '孤独患者- 陈奕迅', 'singer': '播放下载分享 4:33', 'play_link': ''}
{'song_name': '望故乡- 文夫', 'singer': '播放下载分享 4:03', 'play_link': ''}
```

如果代码运行不畅或有任何疑问，可进一步复制代码到大模型，提示其进行代码问题检查和优化。

【应用场景 2】数据可视化

案例 9-15：制作用户转化漏斗图

案例背景： 为了更好地了解公司用户转化率情况，东方云朵女装服饰电商公司全面监控用户从访问到最终购买的转化过程数据，得到访问网站数量为 1 235 795 次、添加商品到购物车的数量为 800 000 件、提交订单数量为 625 000 个、完成支付数量为 360 000 个等。

任务要求： 请利用大模型针对当前数据计算从访问网站到添加购物车的转化率、从添加购物车到提交订单的转化率、从提交订单到完成支付的转化率、从访问网站到完成支付的总转化率，以及漏斗模型各阶段的绝对流失量等指标，生成 Python 代码并绘制漏斗图。

指令设计

【要点 1】基本信息输入：向大模型提供案例基本信息，包括电商公司的基本数据等。

【要点 2】角色定位：向大模型明确其角色为电商公司用户转化率分析与可视化助手，具备利用 Python 程序计算转化率并生成漏斗图的能力。

【要点 3】需求提炼：围绕业务场景，向大模型表述"访问网站数量""添加商品到购物车数量""提交订单数量""完成支付数量"等关键词。

【要点 4】输出设定：向大模型陈述要获得哪些方面的帮助，如计算相关转化率指标、生成 Python 代码、绘制漏斗图等。

【要点 5】输出优化：根据大模型提供的初步方案，结合目标需求向大模型下达进一步优化后的问题指令。

参考指令与生成

【基本指令】东方云朵女装服饰电商公司为了解用户转化率情况，拟借助 AI 大模型计算用户转化率情况。假设你是电商公司用户转化率分析与可视化助手，具备利用 Python 程序计算转化率并生成漏斗图的能力。请根据访问网站的次数 1 235 795、添加商品到购物车的数量 800 000、提交订单的数量 625 000、完成支付的数量 360 000 等数据，设计绘制用户转化漏斗图的程序，并生成漏斗图。

【AI 生成】

为了帮助东方云朵女装服饰电商公司分析用户转化率情况并绘制用户转化漏斗图，我们可以使用 Python 编程语言中的 matplotlib 和 plotly 库来完成这项任务。这里我会给出一个简单的示例代码，该代码会计算每个阶段的转化率，并使用 plotly 库来绘制漏斗图。

首先，请确保你的环境中已经安装了 plotly 库。如果还没有安装，可以使用 pip 命令来安装。

```
!pip install plotly
import plotly.graph_objects as go
# 定义各个阶段的数据
stages = ['访问网站', '添加到购物车', '提交订单', '完成支付']
values = [1235795, 800000, 625000, 360000]
# 计算转化率
conversion_rates = []
for i in range(len(values)-1):
    conversion_rate = (values[i+1] / values[i]) * 100
    conversion_rates.append(conversion_rate)
print('各阶段转化率（%）:', conversion_rates)
# 绘制漏斗图
fig = go.Figure(go.Funnel(
    y=stages,
    x=values,
    textinfo='value+percent initial',
    opacity=0.65,
))
fig.update_layout(
    title={
        'text': '东方云朵女装服饰电商用户转化漏斗图',
        'y':0.95,
        'x':0.5,
        'xanchor': 'center',
        'yanchor': 'top'
    },
)
# 显示图表
fig.show()
```

这段代码首先定义了用户在电商网站上经历的主要阶段以及每个阶段的数量；然后计算了从一个阶段到下一个阶段的转化率，并将其打印出来；最后使用 plotly 库创建了一个漏斗图，展示了每个阶段的用户数量及转化率。

当你运行这段代码时，它会生成一个交互式的漏斗图，你可以通过鼠标操作来查看更详细的信息。如果你是在 Jupyter Notebook 或者支持 HTML 输出的环境中运行这段代码，那么图表将会直接显示在笔记本中；如果是其他环境，你可能需要保存图表为文件或使用其他方法来查看。

如果你需要将这个图表保存为文件，可以使用 write_image()或 write_html()方法，例如：

```
fig.write_image('funnel_chart.png')
fig.write_html('funnel_chart.html')
```

这将分别把图表保存为 PNG 图片文件和 HTML 网页文件。希望这些信息对你有所帮助！

直接复制上述代码并粘贴到 Python 脚本或 Jupyter Notebook 中运行，可得到结果如图 9-2 所示。

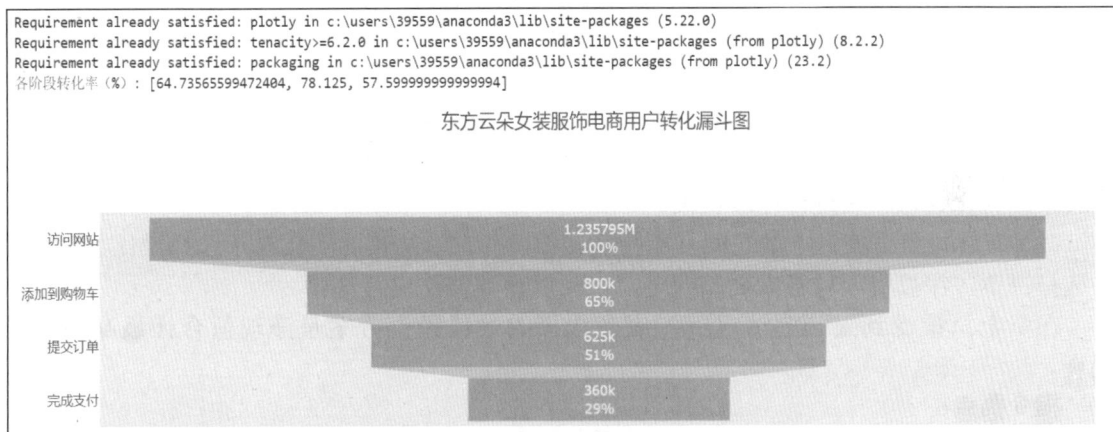

图 9-2　东方云朵女装服饰用户转化漏斗图

如果代码运行不畅或有任何疑问，可进一步复制代码到大模型，提示其进行代码问题检查与优化。

> **注意**
>
> 利用大模型进行程序设计通常会按照需求生成基本代码。用户最好具备一定的 Python 语言基础，才能根据需要引导大模型进行个性化的设计。

训练提升 》》》》》》》》

最优投资组合的确定

实训背景：小智作为企业的财务顾问，工作内容包括对行业、市场、竞争对手进行分析，为公司制定合适的经营策略提供建议和改进措施；对公司主要项目进行财务估值分析，评估投资风险和回报；发掘新的项目，给出投资组合合理化建议，等等。小智在完成最优投资组合求解时发现，为了求得资本限制条件下投资组合的最优解，需要建立线性模型求解，小智对于数学模型不是很了解。因此，小智决心使用大模型帮助完成建模工作，提高自己分析、解决实际问题的能力，实现投资组合的最优决策。

任务描述：请利用任意大模型工具帮助小智完成任务。下载附件，根据相关资料计算投资项目的净现值，建立模型，定义变量、设置约束条件，进行线性规划求解，制定最优投资组合策略。完成任务后将填制完成的附件上传至平台。

知识准备：

1. 项目投资

投资期的现金流量主要是现金流出量，即在该投资项目上的原始投资。

营业期是投资项目的主要阶段，该阶段既有现金流入量，也有现金流出量。

$$净现值（NPV）=未来现金净流量现值-原始投资额现值$$

2. 净现值

$$NPV=\sum(CI-CO)\div(1+i)^n$$

其中，NPV 表示财务净现值，CI 表示第 n 年的现金流入量，CO 表示第 n 年的现金流出量，i 表示折现率，n 表示投资项目的寿命周期。

3. 投资项目管理

（1）独立投资方案：两个或两个以上项目互不依赖，可以同时并存。决策要解决的问题是如何确定各种可行方案的投资顺序。排序分析时，以各独立方案的获利程度作为评价标准，一般采用内含收益率法进行比较决策。

（2）互斥投资方案：方案之间互相排斥，不能并存。决策的实质在于选择最优方案，属于选择决策，在投资项目寿命期相同时，一般以净现值法进行选择。

在资金总量受到限制的情况下，应当选择的最佳投资方案是净现值合计最高的投资组合。

指令要点：

（1）提问前准备：完成知识准备模块内容的学习与复习。

（2）任务问题分析：为了让大模型更好地完成任务目标，阅读问题描述，明确任务的目标和约束条件，了解问题所涉及的背景知识及相关数据，设计指令步骤。

- 计算项目净现值：使用大模型进行提问，计算嵌入式软件 I 的净现值，并完成投资组合区基础数据的填制。

- 构建数学模型：使用大模型进行提问，定义变量、设置约束条件，通过变量、函数和方程等来描述问题的特征和规律。

- 运行模型求解：使用大模型进行提问，通过建立线性模型寻求资本限制条件下最优投资组合的解。

（3）构建有效问题：使用大模型辅助完成净现值计算和最佳投资组合策略的确定。

- 明确角色定位：为了让大模型更好地匹配回答内容，需要向大模型明确其代表的角色身份和具备的相关技能。

- 补充背景信息：在发布指令之前，需要通过决策信息描述，提供基础信息和决策限制条件，明晰具体目标。告诉 AI 你的困惑、你的问题，以及为 AI 补充问题所需要的背景信息。

- 描述表格信息：在发布指令之前，需要通过表格信息描述，明晰表格基础数据区和建模区的具体信息。这些描述分析有助于大模型快速了解表格内容，更好地进行任务需求理解。

- 指定任务步骤：在发布指令之前，需要分析指令目标，识别核心问题，对其进行拆分。从最深的问题层次开始，使用大模型解答每个子问题，并生成相应的答案，逐步累积，得到原问题的最终答案。这样有利于大模型提高回答正确率和准确度。

- 明确输出格式：根据需求分析的结果，构建具体详细的问题表述，包括输出答案的内容与格式，以便大模型能够针对这些信息提供更准确、更有针对性的回答。
- 持续优化：在指令依次发布的过程中，需要根据大模型的回答结果不断优化指令。这可能包括补充信息、调整表达方式等，以确保回答更好地理解和满足用户需求，提高答案质量和实用性。

（4）提问后工作：利用大模型反馈的结果和所学财务知识完成表格编制，并求出最优投资组合解。

参考文献

[1] 丁磊. 生成式人工智能[M]. 北京：中信出版社，2023.

[2] 成生辉. AIGC：让生成式 AI 成为自己的外脑[M]. 北京：清华大学出版社，2023.

[3] 韩泽耀，袁兰，郑妙韵. AIGC 从入门到实战：ChatGPT+Midjourney+Stable Diffusion+行业应用[M]. 北京：人民邮电出版社，2023.

[4] 詹姆斯·斯金纳. 生成式 AI：人工智能的未来[M]. 张雅琪，译. 北京：中信出版社，2023.

[5] 曾志超，王楠，陈韵巧，刘昌源. AI 办公应用实战一本通：用 AIGC 工具成倍提升工作效率[M]. 北京：人民邮电出版社，2023.

[6] 苏江. 学会提问：AI 大模型时代与 ChatGPT 对话的关键技能[M]. 北京：北京理工大学出版社，2023.

[7] 吕白，机器猫. AIGC+：100 倍速生产爆款内容的底层逻辑[M]. 北京：北京理工大学出版社，2023.

[8] 唐磊. 文心一言：你的百倍增效工作神器[M]. 北京：中国纺织出版社，2024.